户型优化实用手册

原点编辑部 著

上海交通大学出版社
SHANGHAI JIAO TONG UNIVERSITY PRESS

图书在版编目（CIP）数据

户型优化实用手册 / 原点编辑部著 . -- 上海：上
海交通大学出版社 , 2019

ISBN 978-7-313-21999-2

Ⅰ . ①户… Ⅱ . ①原… Ⅲ . ①住宅 – 建筑设计 Ⅳ .
① TU241

中国版本图书馆 CIP 数据核字 (2019) 第 216101 号

户型优化实用手册

著　　者：原点编辑部

出版发行：上海交通大学出版社　　　　地　　址：上海市番禺路951号

邮政编码：200030　　　　　　　　　　电　　话：021-64071208

印　　制：雅迪云印（天津）科技有限公司　　经　　销：全国新华书店

开　　本：787 mm×1092 mm　1/16　　　印　　张：15

字　　数：335千字

版　　次：2020年1月第1版　　　　　　印　　次：2020年1月第1次印刷

书　　号：ISBN 978-7-313-21999-2

定　　价：88.00元

目录

户型、空间基础知识

户型优化八法

③
设计师思考笔记

④
施工工法及建材参考

户型、空间基础知识

1.1 户型规划流程及步骤

需要一间书房，浴室要干湿分离，孩子玩具要收纳整齐，这道墙改成玻璃的好了……对着一张空白的平面图，脑海中不断浮现各种各样的问题，平面设计要思考的方面很多，常常让人越想越复杂，脑袋简直要停机了！

设计是一件令人兴奋的事，但如果搞错先后顺序或本末倒置，一开始就急着画收纳柜等家具的摆放位置，那么设计的时候就容易有被束缚的感觉，很难展开想象。若能按照流程有条不紊地进行，从讨论需求、丈量空间、列出限制条件开始，再进行详细的初步配置、收纳规划，一步步按照逻辑走下来，优化户型会更加得心应手，也更容易激发出创意的火花。

步骤 1

开家庭会议，列出愿望清单

在开始或重新装修设计之前开个家庭会议，每个人尽可能多地提出现况中喜欢与不喜欢的地方，或是对未来的家想要与不要想的地方，然后整理出清单，并且仔细填写家人的生活习惯，让设计者可以充分了解家庭成员的需求，同时将愿望清单依照属性归纳到各空间，作为设计平面的参考。

家庭成员需求表

居住成员统计	爸爸 40 岁，妈妈 35 岁，姐姐 10 岁，弟弟 7 岁，奶奶 63 岁
全家人身高	爸爸 180 厘米，妈妈 158 厘米，姐姐 130 厘米，弟弟 110 厘米，奶奶 155 厘米
电视信号类型（有线电视／数字电视）	MOD
要继续使用的家电与家具尺寸	液晶电视（94 厘米），双门冰箱，两张标准双人床，洗衣机，烘衣机，四人餐桌……
使用电脑或打印机的位置	目前都在客厅，希望以后可以在共享书房
上网方式（有线／无线）	无线上网，或用平板电脑
清扫方式（吸尘器／扫地机器人／拖地／扫把／除湿机）	扫地机器人 + 拖地
健康状况（过敏／行动不便／看护问题）	孩子鼻子过敏，奶奶膝关节不好
习惯洗澡方式（泡澡／淋浴）	通常为淋浴，姐姐希望偶尔能泡澡
对老房收纳想法	不够用。妈妈的鞋子都摆在玄关外，希望增加一个主卧衣柜，奶奶希望有一个可以收纳拼布用品的柜子，爸爸希望将拍摄的作品挂出来，增设防潮箱位置……
料理习惯	妈妈与奶奶轮流下厨，姐姐偶尔帮忙
用餐习惯	吃饭时会看新闻
是否有特殊兴趣与爱好	爸爸迷上摄影，姐姐学钢琴，奶奶喜欢玩拼布

步骤 4

了解限制事项，平面里隐藏着游戏规则

老房翻修不比盖新房，无法任意改变房子的形状或结构，因此建议丈量时一并标记空调排水口、通风口、卫生间下水管、厨房进排水、抽油烟管出风口、燃气管线等位置，并记下哪些可以移动、哪些不可以移动；而窗户、阳台或外墙是否可变更都要详查相关法规与小区管理条例。户外的环境也必须列入重点考虑范畴，位于高架桥、主路或市场附近的房子，噪声问题必须列入评估范围。倘若房子的窗户处于基本上不能（常）开的状况，只能采光无法通风，那么一开始就必须考虑导入全热交换器来改善空气，设计时需留意主机与管道间位置。

步骤 3

打好底稿，画出房屋原始平面图

依照丈量出来的数据画出 1/100 的原始平面图，完成的平面图建议标上梁线。如果恰好可以将高柜或墙放在梁下来做隔断，则可以省下不少成本，也可以减少收梁问题，这些都应在进行初步平面设计时纳入考虑范围。

步骤 2

丈量房间，了解房屋各结构的尺寸

除了测量墙壁之间的距离外，还要仔细测量地板到天花板、梁下的高度，测量门窗的位置。特别要注意，不可敲除的梁、柱、墙一定要清楚地标示出来，部分承重墙不可拆除。

户型优化须知

○承重墙不可拆除或破坏。

○除规定允许外，阳台不得外推。

○厨房抽油烟机距离出风口不超过 300 厘米，转折点不超过 3 处（超过 300 厘米可加装电机增强吸力）。

○马桶下水管移动涉及工法，若以垫高法施工，水管直径约 15 厘米，以泄水坡度 1/100 计算，移动 3 米高低落差则约有 18 厘米，若再加高走起来就感觉吃力。

○天然气管线移动必须经燃气公司同意并于施工后进行勘验。

步骤 5

善用后期优化，早想好、早动手、早省钱

这个步骤只发生在购买期房的情况下，后期优化的重点在于隔断户型、水电管线、厨浴设备、铺面材质四大部分。如果在房子优化之前便开始着手设计，墙面、门洞高度可依照需求调整，电视机、电话、网络、燃气管线、空调等的布线位置可按照设计图调整，这些都可减少日后拆除变更的成本。

步骤 6

组合配置，在复印纸上勾勒出家的样子

在原始平面图上覆盖半透明的复印纸，依照家庭成员的想法、环境与气候特性等条件，以简单几何图形初步定位空间。通常，在此阶段可以尽量画出几种不同方案，再逐一讨论每个配置的优缺点，评估愿望清单中哪些是首要条件，哪些是次要条件，哪些空间可合并，直到找出最接近理想的方案。

步骤 7

初步定稿，计算尺寸画出平面雏形

在平面图上画上尺寸格子，参考最小基本尺寸，逐一考虑每个空间需要的家具与柜体，初步确定出每个空间的大小，并将梦想轮廓化为实际图面。

步骤 8

根据收纳计划，细化细部尺寸

虽然讨论平面时已经初步画出每个空间需要的收纳设施，如衣柜、橱柜、储藏室、书柜等，但对于收纳计划来说，却只是第一步。此阶段则是以表格方式，进行家中所有对象的大调查，然后依据量化数据，将原本粗略标注尺寸的柜子、储藏室，精确计算出长度、深度与高度，并且决定立面分割方式。

步骤 9

梦想的家勾勒完成！接下来才是真正的考验

梦想的家的设计图完成了，接下来还要进入实施的具体步骤！必须将平面图化为施工图，木制或柜体部分要有详细的立面图，决定所要用的建材与工法，然后将这些图纸发给各个不同工种的装修公司估价（也可找可信赖的全包公司处理），通常会在建材与预算间进行几次修改，找到满意的平衡点，就可依施工图着手发包工程。

收纳柜需求及尺寸清单

玄关

爸爸鞋子	_____双	_____厘米
妈妈鞋子	_____双	_____厘米
小孩鞋	_____双	_____厘米
长筒靴	_____双	_____厘米
脚踏车	_____辆	
婴儿车（是／否）	_____台	

客厅

电视机（座式／壁挂）	_____台	_____厘米
视听设备	_____台	_____厘米
投影机	_____台	
喇叭	_____个	_____厘米
CD	_____片	
DVD	_____片	
游戏主机	_____台	
特殊收藏	_____个	_____厘米

餐厅

电视机（座式／壁挂）	_____台	_____厘米
饮水设备（热水壶／滤水器）	_____台	_____厘米
酒柜（是／否）	_____个	_____厘米
CAF 器具（意式咖啡机／虹吸壶／磨豆机）	_____座	_____升
杯子	展 示 _____个 不展示 _____个	_____厘米
盘子	展 示 _____个 不展示 _____个	_____厘米
碗	_____个	_____厘米

厨房

冰箱（单门／双门）	_____台	_____升
微波炉（是／否）	_____台	_____升
烤箱（是／否）	_____台	_____升
烤面包机（是／否）	_____台	
空气炸锅（是／否）	_____台	
料理机（是／否）	_____台	_____升
烘碗机（独立式／嵌入式）	_____台	_____升
洗碗机（是／否）	_____台	_____升
锅具（炒锅／平底锅／汤锅）	_____只	
搅面机（是／否）	_____台	
常用酱料、香料	_____瓶	
其他特殊料理或烘焙器具	_____台	

书房

防潮箱（是／否）	_____个	_____厘米

书籍	系列书 _____本 普通开本 _____本 杂　志 _____本 _____厘米 特殊开本 _____本	
电脑设备类型（笔记本电脑／台式机／一体机）	_____台	
打印机（是／否）	_____台	

浴室

沐浴用品	_____瓶	
保养品	_____瓶	
毛巾	备 用 _____条 常吊挂 _____条	
书报架（是／否）	_____个	
美发（容）设备	_____个	

卧室

衣物	长吊挂衣物 ___件 短吊挂衣物 ___件 折叠衣物 ___件 其他衣物 ___件	
配件	皮 带 _____条 珠 宝 _____件 手 表 _____只 太 阳 镜 _____个 帽 子 _____顶	
包包（公文包／皮包／书包）	_____个	
瓶罐（化妆品／保养品）	_____瓶	
保险箱（是／否）	_____个	
小型音响（是／否）	_____台	
书籍	系列书 _____本 普通开本 _____本 杂　志 _____本 _____厘米 特殊开本 _____本	
特殊收藏	_____个	

儿童房

文具	_____件	
玩具	_____件	
书籍	_____本	_____厘米
乐器（是／否）	_____件	
电脑设备（是／否）	_____台	
小型音响（是／否）	_____台	
特殊收藏或展示作品	_____件	

储藏室

相册	_____本	
工作梯（是／否）	_____个	
烫衣板（是／否）	_____个	
工具箱（是／否）	_____套	
备用棉被	_____套	
旅行箱	_____个	
其他	_____个	

1.2 看懂平面图标示符号

人与人的沟通，通过语言或文字表达，在室内设计的专门领域中，平面图则是沟通设计构思不可或缺的工具，而平面图也发展出一套属于自己的语言。在平面图上，不同的窗户、门、柜子或者铺面都有特定的标示方法，只要理解符号的含意，就能读懂平面图，这对于筹划平面或与设计师沟通，可以提供很大的帮助！

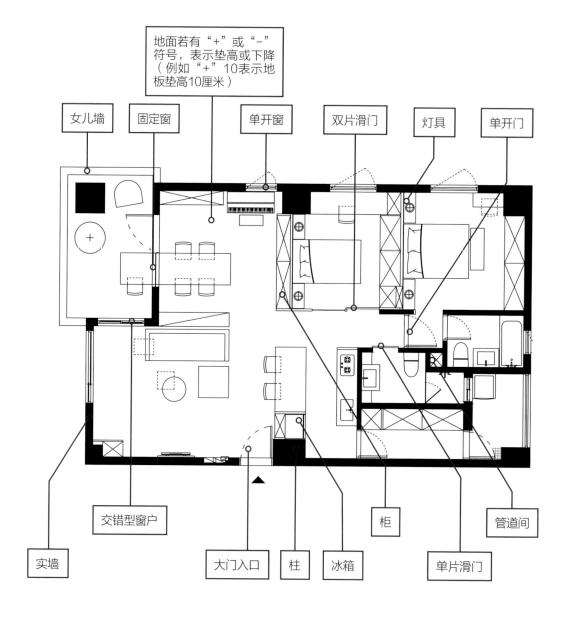

地面若有"+"或"-"
符号，表示垫高或下降
（例如"+"10表示地
板垫高10厘米）

女儿墙　固定窗　单开窗　双片滑门　灯具　单开门

实墙　交错型窗户　大门入口　柱　冰箱　单片滑门　柜　管道间

更多"门"的平面图符号说明

三片滑门

三片可左右滑动的滑门

双片滑门

两片可左右滑动的滑门

子母门

两片门一宽一窄，平常使用较宽的门

双开门

左右两片皆可开关的门

单开门

向左或向右开启的门

双片折叠门

可向左右两侧开关的折叠门

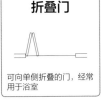

折叠门

可向单侧折叠的门，经常用于浴室

折叠式活动拉门

可伸缩开关的折叠式活动拉门

隐藏式滑门

可隐藏于墙壁中的滑门

单片滑门

单片可左右滑动开关的滑门

更多"窗"的平面图符号说明

含窗格的窗户

外侧设有窗格子的窗户

固定窗

无法开启的窗户类型

双开窗

左右两片皆可开关的窗户

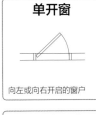

单开窗

向左或向右开启的窗户

交错型窗户

左右两片可滑动开关的玻璃窗

天窗

安装于天井的窗户

外凸窗

凸出于建筑物外墙的窗户

角窗

在墙壁转角部位嵌入玻璃的窗户

全开式窗户

可向左右及向外折叠的完全开启的窗户

遮雨窗户

在窗户侧向加装遮雨板

更多其他平面图符号说明

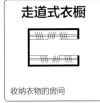

走道式衣橱

收纳衣物的房间

地砖、瓷砖

地板材质为地砖或瓷砖

榻榻米

使用榻榻米铺设地面

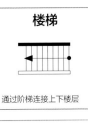

楼梯

通过阶梯连接上下楼层

挑高天井

2楼以上未设置地板的部分

马桶

西式马桶

水槽

厨房料理台（水槽）

炉具

加热料理炉具

收纳空间

收纳物品的空间

浴缸

普通单人浴缸

1.3　9 个常见问题的户型大检查

三室两厅有和室、厨房、两个卫生间，主卧还有更衣室……看似完美的户型，实际上真如所想吗？满心欢喜地住进去，不久却带着平面图逃出来的屋主还真不少，房子住起来不方便，你知道问题出在哪儿吗？

准备装修或下手买房之前，建议先进行 9 个常见问题的户型检查，提前了解房子的特征，避免住进去后再后悔，日后再花大把钱进行户型改造。当然，早发现、早改正，才能早点迎接幸福生活！

问题 01　我家的窗户不受风的欢迎

首先，通风的重点在于对流，而非窗越多越好。户型设计不光要考虑人的动线是否顺畅，风的动线也很重要。风会寻找最小距离直线前进，用同一个开窗就能同时进与出。要创造风的动线必须有两个对外窗：一个作为入口，一个作为出口。其次，风行进时会选择最短的直线路径，如何判断平面图是否有良好的通风路径呢？可用尺在窗与窗之间拉直线，观察有无直线被阻断的现象。如果买新房，尽量选择三面有窗的房子，以便在季节交替时，能多进不同方向的风。再次，用水空间（浴室、厕所）最好有对外窗，否则湿气容易淤积，造成发霉现象，对健康不利。

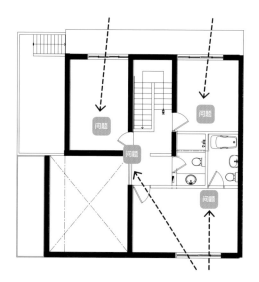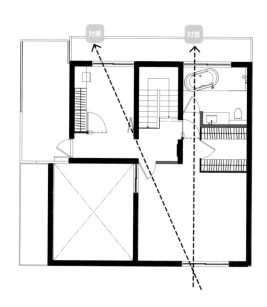

原本格局（左图）前后窗户的进风都被墙壁挡住无法对流，调整后的格局（右图）只要保持房门开启，前后窗就能通风对流。

■ 案例提供／六相设计研究室

问题
02
放入家具后发现
空间大小不合适

通常从平面图上难以想象空间尺寸与实际的关系，甚至在放入家具之前也无法准确判断空间是否拥挤。此类状况，最常发生在客厅的深度过深、主卧过大，而重要活动空间如厨房、浴室、阳台却十分狭小。空间是否过大或不足，可先以基本尺寸判定。

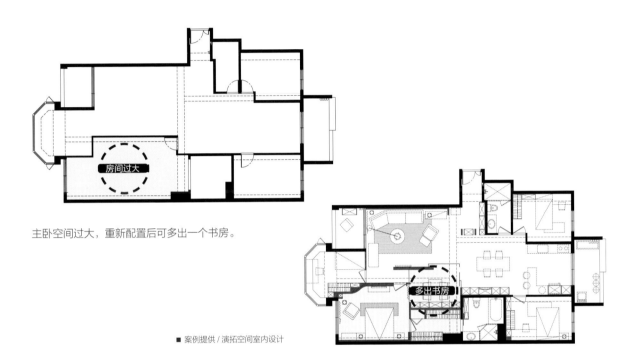

主卧空间过大，重新配置后可多出一个书房。

■ 案例提供 / 演拓空间室内设计

问题
03
过道的面积
比房间还大

户型过多分割容易造成两种情况：一是为了连接每个房间，浪费在过道的面积会增加；二是公共空间采光不足。首先，只要是房间必须有出入口，从一个房间进入另一个房间必须靠动线空间衔接。平面的分割越复杂，损失在动线空间的面积就越多。其次，一个房屋的对外窗数量有限，房间数量越多，留给客厅的窗就会越少，因此客厅便容易使人感觉阴暗。

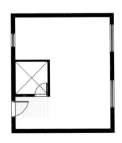 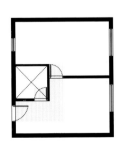 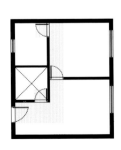

黄色为基本必需的动线空间（包括入门回旋的区域），可见一个空间从两个分割为四个，黄色区域明显增加了一个房间大小。

问题 04　**夹层不是增加 面积的万能药方**

在面积不够使用的空间内，夹层可以当成补充空间使用，但尽量不要以"做越多越划算"的心态来设计，小心赚了面积，却赔了高度。适合做夹层的空间通常得要挑高 4 米以上，上下空间才能同时有舒适的站立高度。

如果夹层超过平面的一半以上，尤其是面积不大的房间，很容易造成压迫感，况且上层空间若太深，采光的效果也会变差。

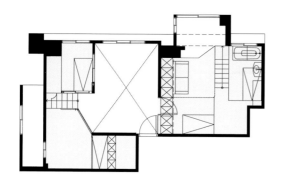
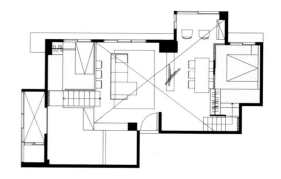

只有 3.6 米高的房子勉强设计夹层，但夹层却占了面积的 2/3，不仅活动时必须弯着腰，而且由于夹层深度很深，容易形成采光死角。修正后平面（右图）右半部的夹层面积减少，让阳台光线得以进来，左半部的夹层改为卧榻，使用半高墙隔断，具有舒缓压迫感的效果。

■ 案例提供 / 大雄设计

问题 05　**迷宫动线 让生活疲于奔命**

动线的讨论可分两种：一是整体平面；二是单一空间。平面上，动线关系如果没有经过妥善整合或规划，在一般面积不大的房间内，容易造成动线单调，住久了感觉无趣。遇到相邻两室合并的房型时，若直接打通两户户型来用，壁垒分明的左右空间与切割零碎的房间，往往形成迷宫般的动线，便会引发生活危机！单一空间的动线，着眼处主要在厨房、卫浴、工作阳台等空间，由于功能设备的排列方式与动线息息相关，合并房间必须考虑使用顺序，如此一来才能让家务活动流畅、有效率地开展。

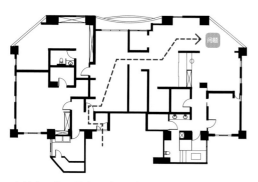
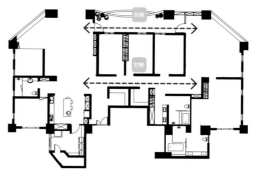

合并房屋的原始户型（左图）分割凌乱，造成又长又曲折的动线。调整后的房屋（右图）打造两条贯穿左右的中轴，公共区与卧室也分区使用，动线短且流畅。

■ 案例提供 / 匡泽空间设计

问题 06 小户型与临街房屋潜藏暗房危机

采光、通风大多受限于房子的先天条件，在老公寓或传统临街房屋中，经常可见狭长形平面布局，除非房子恰好位于路边可增加左或右面的采光，否则通常只有前后采光，这样的户型若缺乏良好规划，很容易使中间区块形成狭长阴暗的走廊，或者房间、卫生间密不透风，大量暗房产生。此外，随着小户型住宅越来越多，很多只有单面采光设计，浴室通常是暗房，如果单一采光面又被隔断切割，想保有明亮开阔的公共空间就成了一大难题。

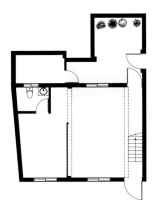

前后采光的临街房屋（左图）原本内部相当阴暗。修正后（右图）将外墙移除，改以采光罩、落地玻璃增加进光量，改善采光状况。

■ 案例提供/匡泽空间设计

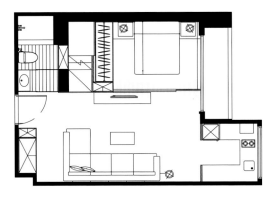

小户型空间只有单面采光，仅是卧室隔断墙选用材料的差别，就能让客厅的采光有很大的区别。

■ 案例提供/馥阁设计

问题 07 小心楼梯变成视觉上的庞然大物

跃层、夹层或别墅这些有上下楼层关系的居住空间，楼梯是一个重要的行走设施。传统的楼梯间

有如一个直立的钢筋水泥盒，使用时只能专注于爬梯动作，走起来感觉特别累。近年来，设计师喜欢以玻璃、铁件或格栅等轻薄通透的楼梯来取代传统钢筋混凝土的楼梯，大幅减轻楼梯的厚重感。除此之外，梯下空间的应用也是不少人烦恼的问题，与其设计成高度不够的低矮卫生间或一大间不好用的储藏室，不如依照需求加入柜体，将这最占据空间的地方变成高效的收纳装置。

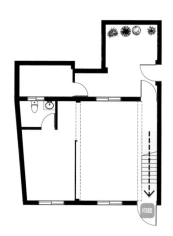

将楼梯墙面材料换成玻璃面，并且修改最后两阶将动线转向，让楼梯摆脱阴暗杂乱，变为赏心悦目的设施。将梯下空间做成电视墙，解决原本杂物堆积的问题。

■ 案例提供 / 匡泽空间设计

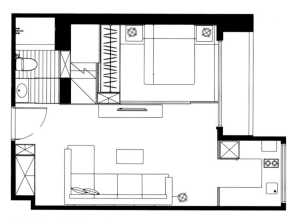

将梯阶设计为抽屉，也是不错的点子。

■ 案例提供 / 馥阁设计

<table>
<tr><td>问题
08</td><td>用不到的房间使
空间变得混乱</td></tr>
</table>

公共空间听起来很重要，但公共空间应该包含什么，让不少人陷入迷惘。除了餐厅、客厅之外，还有些什么？在不确定的情况下，和室被当成大受欢迎的多功能室兼客房使用。不过，仔细想想，如果没有使用和室待客或泡茶的习惯，而客人留宿的机会更是少之又少，最后立意很好的种种设计都派不上用场，和室唯一能发挥的功能便是堆积杂物。无论是房间还是公共空间的设计，都应该切实符合生活习惯，是否要切出一个专用空间，应从使用频率上来判断。通常，建议将不常用的功能附属在另一个常用空间内，让2～3种功能并置，可提升空间使用率。

改造前的房屋中，用不到的和室最后变成了一间超大的储藏室。

■ 案例提供／馥阁设计

<table>
<tr><td>问题
09</td><td>容易"撞车"
的门对门户型</td></tr>
</table>

开发商提供的原始设计方案，往往为了节省走廊、获取最多或最大的卧室空间，让户型看起来更为"经济"，常常出现房间多且集中的平面布局。当一条走廊通到底，所有房间的出入口集中的时候，就容易发生动线打架的情况。

改造前的房屋，过道尽头集中了5扇门，平时一家人使用可能还好，但有客人的时候，进进出出就可能发生相互碰撞的情况。

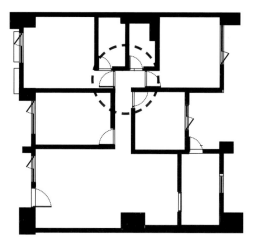

■ 案例提供／德力设计

1.4 过与不及皆为问题！你应该知道的空间最适尺寸

所谓舒适的空间尺寸，并非越大越好，尺寸过大的空间让人缺乏安全感，而过小的空间则拥塞压抑，让人不想待在家里。尺寸，是空间最重要的课题之一，本小节从空间、人体工学、家具三者关系出发，归纳出每个空间必需的最小尺寸，以及如何计算空间尺寸的方法，在空间规划之前树立正确观念，才能避免设计出不好用的空间。

1 客厅最适尺寸

了解客厅先天条件，用配置改变后天环境

文 / 魏宾千、李佳芳

对于空间尺寸的感受，很大一部分取决于使用家具的相对尺寸与布置方式，客厅的主要家具包括沙发、茶几、电视柜，而这些是能够使客厅显得宽敞或拥挤的最大可变因素。客厅的尺寸没有一定的标准，可从"家具决定论"和"空间决定论"两个角度来思考。倘若家中人口多，必须配置 L 形或 U 形沙发才能满足座位需求，或者特别中意某款沙发与茶几组合，那么从家具尺寸即可回推客厅空间该预留的尺寸。

从空间决定论思考的话，从电视机（以 94 厘米为例）到观赏位置的舒适视觉距离至少要 360 厘米，若加上椅背深度与电视墙背后的线路深度，通常客厅深度预留 400 厘米较恰当，这也是一般 90 多平方米三室两厅的房屋户型最常见的客厅深度。而客厅的宽度则取决于空间条件，其也限制了主沙发的长度。

客厅的设计和人口数、体型、习惯、访客数与来访频率有关，而不同家具公司的尺寸也各不相同，美规、欧规、日规的差异也相当大，建议规划空间时，根据必须容纳的人数，以及想用的沙发、家具品牌，才能设计出符合使用习惯的客厅，否则就得迁就空间寻找适合的沙发了。

影响客厅空间尺寸的要素

1. 电视 随着液晶电视的普及，电视机主流尺寸朝着更大的方向发展，例如 82 厘米与 166 厘米电视机需要的观赏距离差异相当大，不知不觉电视机成了决定客厅深度的要素。通常，视线距离以电视机尺寸的 3.5 ~ 4 倍为最佳，由此可以推算客厅深度。

2. 沙发 沙发尺寸差异大，各品牌的单人座面宽度差异可在 10 厘米以上，再加上扶手造型尺寸，三人座沙发宽度有 180 ~ 240 厘米不等，尺寸大小差异极大。甚至可以发现，同样的总长，有些品牌可坐三人，有些却只可坐两人，当空间面积较小时，这一座之差就会影响整体空间感觉，选择时务必仔细。

电视机 / 厘米	82	94	102	120	140	148	166
观赏距离 / 厘米	285 ~ 325	320 ~ 360	340 ~ 390	400 ~ 460	470 ~ 540	500 ~ 570	580 ~ 630

同样是双人沙发

我宽 133 厘米!

我宽 179 厘米!

巧计算

我家需要多大的沙发？ 60 厘米乘以人数就是所需座面总长

沙发的尺寸要从深度、宽度、高度三个方面来考虑。一般沙发设计的深度为 80 ~ 100 厘米（包含椅背 15 ~ 20 厘米，座面深 60 ~ 70 厘米），若喜欢盘腿而坐，座面深则至少要超过 60 厘米。沙发的高度多为 40 ~ 45 厘米，让人们坐上时，可稍微凹陷下去，双脚也能舒适、自然地贴着地面；不过，若主要的使用者是老人或是体型特别娇小的人，建议选择高度较低的沙发。

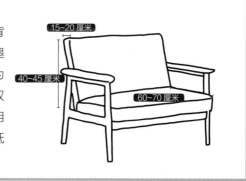

15~20 厘米
40~45 厘米
60~70 厘米

3. 电视柜 随着薄型电视机的普及，电视可悬挂于墙体上，因此电视柜不再需要承载厚实的电视机体，规格也跟着轻薄起来，甚至取消电视柜，利用客厅附近的收纳橱柜满足音响、影音设备的收纳需求。不过，如果希望保留电视柜设计，必须预留 60 厘米左右深度，但现在柜子深度减至 45 厘米的也很多，若配置音响设备，专业线材通常较粗，柜深就要考虑走线空间，以免放不下。

巧计算

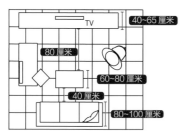

TV
40~65 厘米
80 厘米
60~80 厘米
40 厘米
80~100 厘米

家具与走道宽度相加，你就能计算出客厅深度

举例来说，常见客厅深度：电视柜深 40 ~ 65 厘米＋茶几与电视柜过道 80 厘米＋茶几 60 ~ 80 厘米＋茶几与沙发过道 40 厘米＋沙发深 80 ~ 100 厘米 ＝ 300 ~ 365 厘米（别忘了再次检查电视机与观赏座位之间的距离）。

开放、整体空间常见设计法

随着生活习惯的变化与都市居住空间的减少,整体、开放式设计的LDK概念被逐渐引用[LDK是指将客厅(Living room)、餐厅(Dining room)和厨房(Kitchen)视为一个开放的整体来设计,所构成的一体空间。餐厅和厨房为一体的被称作DK。有3间居室并加上"LDK"的房屋户型被称作3LDK],再加上餐厅与厨房合并、餐厅与书房合并、客厅与书房合并等,形成多变的开放式户型。

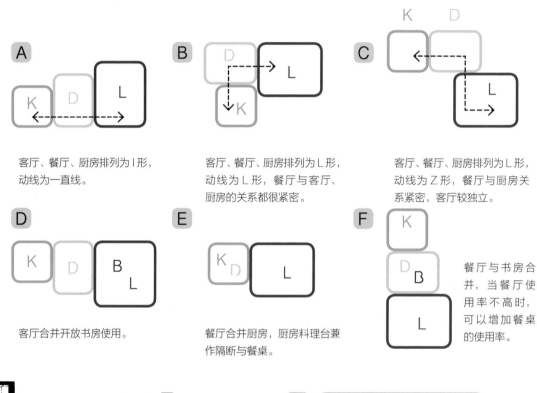

A 客厅、餐厅、厨房排列为I形,动线为一直线。

B 客厅、餐厅、厨房排列为L形,动线为L形,餐厅与客厅、厨房的关系都很紧密。

C 客厅、餐厅、厨房排列为L形,动线为Z形,餐厅与厨房关系紧密,客厅较独立。

D 客厅合并开放书房使用。

E 餐厅合并厨房,厨房料理台兼作隔断与餐桌。

F 餐厅与书房合并,当餐厅使用率不高时,可以增加餐桌的使用率。

A 会议型的待客空间

客厅、餐厅、厨房的动线为一直线,三人座沙发摆法为会议型,刻意不面向电视机并且背对餐厅,可以一心一意接待客人,专注交谈或者看书。

■ 案例提供 / 直学设计

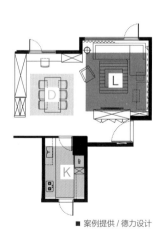

■ 案例提供 / 德力设计

B L形沙发决定客、餐厅是否在一起

客厅与餐厅保持良好开放的关系,属于热络互串型。这个空间的属性重点取决于L形沙发的摆放法,如果凸出的L形沙发位于客厅与餐厅中间,使用客厅时焦点集中于电视机,与餐厅互动性就减弱,变成了专注电视型。

C 动线转折就是无形的隔断

虽然客、餐厅中间没有隔断墙，但因为动线转折关系，空间感较独立。沙发朝向餐厅摆放，至少视觉上可以看见餐厅空间的活动状况，但这样就看不到电视，所以餐厅区另外设计了电视墙。

■ 案例提供 / 演拓空间室内设计

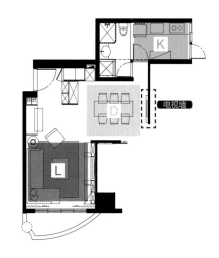

D 读书、娱乐功能可互相转换的客厅书房

客厅切出一块作为书房，两者利用沙发背后的矮墙分隔，优点是在书房也能看电视，缺点是可能会互相干扰。

■ 案例提供 / 演拓空间室内设计

E 适合欢乐聚会的开放空间

将餐桌、电视柜、中岛区串联在一起，沙发朝向餐厅，保持高度互动，属于热络互串型开放空间。

■ 案例提供 / 逸乔室内设计

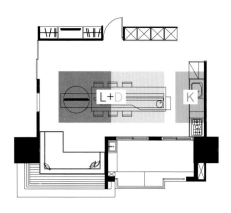

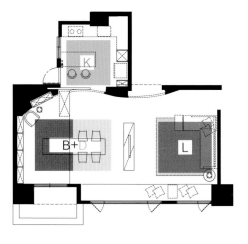

F 餐桌就是工作桌

以悬吊式电视墙界定客厅和餐厅，后方书房区使用架高地板，形成客厅、餐厅、书房统一整合的大空间设计，并利用书桌和餐桌做连接，使餐桌与书桌可视工作、聚会等情况灵活延展。

■ 案例提供 / 演拓空间室内设计

2 玄关最适尺寸

宽度的重要性大于深度

文／魏宾千、李佳芳

不同于一般用"深度"来表示空间大小，在玄关部分，讲的则是"宽度"，简单地说，玄关过道的宽度决定了玄关空间的大小。玄关空间可大可小，依个人喜好、需求而定，不过空间再怎么小也有最低标准，一般来说至少要预留 90 厘米的宽度给玄关。因为玄关连接了房子最重要的大门开口，大门尺寸定义了玄关的大小，要方便人行走、货物搬运进出，这也是为什么玄关过道，以及玄关通往客、餐厅的开口，其尺寸至少与大门尺寸相同的原因。

另外，玄关的收纳设计也可能影响玄关大小。简单的计算方式是，以玄关过道宽度 90 厘米，加上鞋柜深度 35 ~ 40 厘米，可计算出玄关区约 130 厘米的宽度便绰绰有余。那么，缩减鞋柜深度来增加玄关宽度是否可行呢？鞋柜设计是以大人的鞋长约 28 厘米，加上柜门的厚度得出，为避免影响鞋物收纳的便利性，并不建议从改变鞋柜深度来着手。如果感觉玄关空间很狭窄，建议在与玄关柜相对应的墙面、柜面上，利用玻璃、镜子等具有反射效果的材质，拉长空间的视觉景深，以免产生压迫感。

巧计算

设计一个玄关，你可以这样计算空间尺寸

玄关宽度＝过道宽度 90 厘米＋鞋柜深度 35 ~ 40 厘米 ≈ 130 厘米

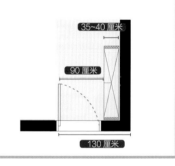

玄关位置设计在中央或侧边，暗藏玄机！

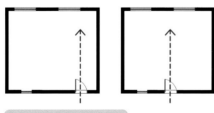

玄关位置影响平面安定感

玄关（入口）设计在偏一侧的位置，空间感会较稳定。玄关（入口）位于中央，因为出入动线将平面切割为左右两部分，空间感较不稳定。

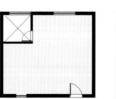

玄关与房间设计如何影响面积利用率

房间与玄关相邻而设，可塑造一个独立玄关，但也容易造成走廊空间浪费。房间不与玄关相邻，玄关可开放设计，也可与其他空间结合。

缺乏内外分界的平面，可利用鞋柜塑造出不同玄关

A

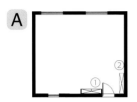

鞋柜靠墙而设（①或②），玄关为开放式，常见将鞋柜延伸结合电视墙或其他收纳功能。

■ 案例提供 /SW Design 思为设计

B

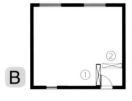

鞋柜垂直于与玄关相邻的墙（①或②），可区隔出独立的玄关空间。

■ 案例提供 / 德力设计

C

鞋柜垂直于玄关对面的墙。玄关独立并且占据的走廊面积最大，通常用于收纳需求大或人口多的家庭。

■ 案例提供 / 馥阁设计

D

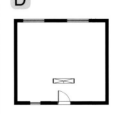

玄关在平面中央，除了用柜体围塑空间，也可将鞋柜设计成中岛式，一来可以遮挡出入口，二来玄关区域可兼作走廊，具有增大视觉空间的效果。

■ 案例提供 / 馥阁设计

餐厅的大小取决于家里有几口人吃饭

文 / 魏宾千、李佳芳

随着时代的发展，在家做饭的频率大幅降低，家庭式围炉聚餐的需求减少，餐厅对于现代住宅空间的意义，不再像传统的家庭生活一样，其空间定义逐渐模糊，有的变成客厅的附属空间或合并书房，以开放式客、餐厅的面貌出现在住宅里。若将餐厅理解为餐桌所构成的范围，那么餐桌便决定了餐厅的大小，而餐桌的选择则取决于用餐人数。在有限的居住空间里，餐厅的大小受制于客厅的大小；简单地说，家人对于客厅空间大小的要求确定后，剩下来的空间才可作为餐厅（对餐厅的重视度大于客厅的家庭，也可反向思考）。

此外，当区域面积不够大时，通过设计也可将餐厅作为厨房的延伸，例如将中岛区或吧台兼作餐桌，将餐厅、厨房两个空间简化，整合为一体。

餐厅的大小直接取决于家庭成员人数，即餐桌的座位数。

计算餐厅范围很简单，就是将桌子大小加上把椅子拉出来的活动距离 80 厘米，即是方便就餐者活动的基本尺寸。餐桌大小与使用人数的关系如下：

	二人	四人	五或六人	八人
方餐桌尺寸	70厘米×85厘米	135厘米×85厘米	135厘米×85厘米	225厘米×85厘米
圆餐桌直径	50～80厘米	90厘米	110～125厘米	130厘米

方桌所占的面积较圆桌小！

以四口之家来计算：使用方桌若靠墙放需要预留 215 厘米 ×245 厘米，若不靠墙放则需预留 295 厘米 ×245 厘米（约占 5.3 ～ 7.2 平方米）；使用圆桌则需预留 250 厘米 ×250 厘米（占 6.3 平方米）。然而方桌两侧可再坐人，最多能容纳六人。整体上方桌的空间利用率较好，而圆桌的优点是无论坐在哪里，到中心点的距离都一样，尤其人多时用转盘夹菜很方便。

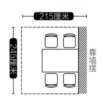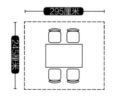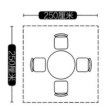

像咖啡厅那样摆放的方桌呢？

正方形餐桌若想要与墙摆成对角线，如一张边长为 90 厘米的正方形餐桌，加上座位区面积的总对角距离为 250 厘米，推算所占面积约 180 厘米 ×180 厘米（3.2 平方米），而摆放时注意桌角离墙面要保持 40 厘米，才方便拉开座椅出入。

$$\frac{250}{\sqrt{2}} \approx 177$$

餐厅可扮演多种角色，功能大提升

餐厅合并开放空间

将餐厅与书房合并，厨房利用吧台界定，人少的时候直接在吧台上用餐，当需要正式用餐空间时再移到餐桌。

■ 案例提供 / 馥阁设计

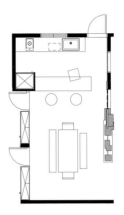

餐桌，也是书桌、梳妆台

这个设计是将卧室、书房、餐厅等空间的桌面合并使用，这张长桌不仅是餐桌，也是书桌、梳妆台！

■ 案例提供 / 尤达唯建筑事务所

旋转，书桌拆解成餐桌

这种设计可以使书桌兼有餐桌功能，一部分桌面可以旋转指向餐厅，瞬间将书房变为正式用餐区。

■ 案例提供 / 无有设计

厨房不再是家中孤岛，而是烹饪的游乐场

文 / 魏宾干、李佳芳

厨房，作为居室的烹饪中心，汇集水电管线、火源，在设计厨房之前，务必了解空间的限制（面积，给排水管、天然气、抽油烟机风管的走向）、家中成员的情况（人数、主要烹饪者身高、左撇子或右撇子、烹饪习惯），以及必需的厨房电器设备（抽油烟机、冰箱、电饭锅、果汁机、咖啡机、烤箱、微波炉、洗碗机或烘碗机）。对于讲究空间利用率的现代住宅来说，厨房不仅要满足全家的烹饪需求，还要能够提供超大容量的收纳空间。

依照空间大小、使用需求与习惯，厨房配置有一字形、L 形、ㄇ形等，或运用中岛区、餐台、电器柜组合，发展成收纳功能强大的双排厨具设计。通常来讲，水槽、灶具与冰箱可以说是架构厨房动线的三巨头，这三者的排列方式与动线流畅度息息相关，不论是从左至右还是从右至左，务必遵循"洗→切→煮"的顺序排列。而若这三者呈三角形排列的话，能使移动取物更有效率，被称为厨房的黄金三角动线。

随着开放空间逐渐流行，厨具设计除了满足流畅的动线要求之外，也成为界定空间的灵活手段，让厨房空间不再孤立，而是亲子烹饪的游乐场。

左右移动动线，使独立厨房保持基本舒适尺寸！

组合厨具的深度大多为 60 厘米，大致与冰箱相同，冰箱、水槽与灶具可依照需求选择尺寸，但通常建议冰箱到水槽之间的台面留出 60 厘米，可以用来暂放食材，而水槽到灶台之间的台面则至少留出 60 厘米的切菜区。倘若灶具紧临墙壁，应至少与墙壁保持 40 厘米的距离，炒菜时手肘才不会撞到墙。

为确保在厨房操作时的人身安全，厨房过道通常会预留约 120 厘米的宽度，考虑的是当两个人在厨房过道交会时，能很从容地错身而过，而一个成人肩宽为 45 ~ 50 厘米，以此推知，120 厘米是最佳宽度距离。

巧计算

独立厨房的基本舒适大小至少需 6.5 平方米

长 = 70 厘米（冰箱）+60 厘米（置物台）+60 厘米（水槽）+60 厘米（切菜台）+70 厘米（煤气灶）+40 厘米（墙边）= 360 厘米

宽 = 60 厘米（厨具）+120 厘米（过道）= 180 厘米

面积 = 360 厘米 × 180 厘米，约等于 6.5 平方米。

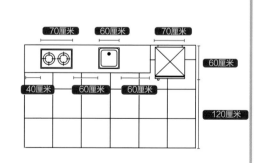

黄金三角动线、厨房动线越接近正三角形,工作效率越高!

厨房中使用最频繁的水槽、灶具与冰箱,三者的位置决定了厨房动线的舒适流畅与否,以及工作的效率。一般而言,厨房的动线形状以正三角形为最好,转个身就能从冰箱拿东西、备料、烹调,比起一字形来回走动要方便得多。即使同样是黄金三角动线,灶具与水槽之间的距离越长,动线就越长,做事就越会产生不便。应注意的是厨房要考虑的不仅是使用效率,还要考虑人和人之间的互动!

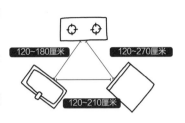

各种厨具配置法,你该注意的二三事

厨具的配置虽可分为一字形、L形、Π形等,但实际上需要依据空间条件和生活习惯来考虑配置。例如只需要一个人下厨的厨房,可以效率导向来进行设计;如果是多人使用的厨房,则过道宽度、台面长度,以及灶具到水槽间是否有宽敞的备料区,都必须加以考虑。

适合一人使用的较简单的 L 形厨具

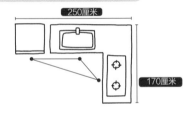

水槽和炉具在 L 形厨具的转角两侧,适合一人使用。此外,要注意台面转角处为 60 厘米 ×60 厘米,通常只能用来置物,难以切菜,因此最好还是预留长一点的台面。

功能较强或使用人数较多的双一字形厨具

若厨房里必须纳入两排 60 厘米深的橱柜,要相对缩减厨房过道的宽度,即便如此,至少也要保留 90 厘米宽,方便两人错身而过,确保烹煮时的人身安全,因此宽度必须在 210 厘米以上,才可使用此配置(在厨房两面相对的墙边都是柜体的情况下,需要同时打开两边柜门,过道至少要留出 150 厘米宽)。

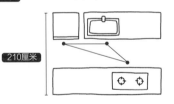

双排料理台设计,灶具与水槽各有台面,备餐区很大,能多人共享,但地面最好有落尘设计,以防洗好蔬菜拿到灶台的过程中滴水。

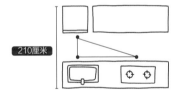

由电器柜 + 料理台组成,料理时通常在灶台与水槽间游走的频率较高。水槽与灶具距离较近,使用上会更有效率。

方便烹调者与用餐者互动的Π形或中岛型厨具

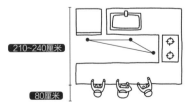

将料理台延伸出去包围厨房,适合多人共享。若想将延伸的台面变成餐桌或早餐台,则台面要外凸 30 厘米才能容下放腿的空间,再加上餐椅活动空间 80 厘米,整个厨房深度范围在 290 ~ 320 厘米之间。

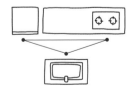

中岛型厨具通常结合水槽(也可是单纯的料理台),不仅增加共享台面,洗碗或备料时都面对空间,方便互动。也有不少餐桌结合中岛的设计,亦可增加互动。

让厨房成为大型活动室

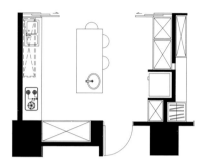

派对用的豪华三排一字形厨具

若厨房面积足够，设计上则可以加入更多功能，三排一字形厨具配置的厨房，除了具备上述工作区与电器柜的功能外，第三排厨具可设计为附有简易洗槽与单口炉的餐台，其功能不只作为早餐台或餐桌，也很适合作为家庭派对或专业料理人分享厨艺的会客室。

■ 案例提供 / 匡泽空间设计

亲子互动的大厨房

用中岛区来分隔厨房与餐厅，将水槽设在中岛区上，由于中岛台面做了特别的加宽处理，也可以当成吧台使用，方便烹饪者一边做准备工作一边和家人互动。

■ 案例提供 / 馥阁设计

餐厨空间独立，又不失互动性

虽然平面上餐厅和厨房相当独立，但厨房靠走廊的部分设计为吧台，没有用实墙来分隔，水槽设计在面对客厅的厨具上，工作时都可以和在客厅活动的人聊天。

■ 案例提供 / 馥阁设计

厨房变成客厅的延伸

双一字形厨房的一边选择使用较高的中岛吧台，一方面可以当成沙发的靠墙，另一方面也可以当成便餐台。当孩子不回家吃饭时，夫妻俩可以简单料理，直接在厨房里一边看电视一边吃，不必特地把饭菜端到餐桌上。

■ 案例提供 / 无有设计

10 平方米大小是单人与双人卧室的分水岭

文／魏宾千、李佳芳

构成卧室的基本尺寸元素，包括床、床两侧的过道以及衣柜等。以一张标准双人床举例（宽 150 厘米、长 200 厘米），过道约 65 厘米宽，加上 60 厘米深的衣柜；如果衣柜被放在与床相对的墙边，过道至少要有 90 厘米宽，才能方便打开柜门而不至于被绊倒在床上。因此，双人卧室的最小尺寸为 280 厘米 × 350 厘米（约 10 平方米）；也就是说，10 平方米以上勉强可做双人房，10 平方米以下则最好设计为单人房。

若希望下床时的走动空间是舒适的，房间某一边应该大于 350 厘米。当卧室面积小，房内某一边长度不够 350 厘米，又要满足床、过道、衣柜三者兼备的使用需求时，只好退而求其次，将床靠墙、靠窗摆放，舍去一个过道空间。在这种情况下，扣除一个过道的宽度，卧室某一边长度也最好维持在 285 厘米左右，使用时才不会觉得手脚伸展不开。此外，若衣柜与床之间的距离不足 60 厘米，则要舍弃开门式衣柜，选择（横）拉门，才不会在开关衣柜时感到过道狭小。

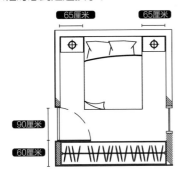

以标准尺寸双人床来计算，这间主卧只能放下两个对开门的衣柜（以一个对开门衣柜 80 厘米宽计算），对于衣物量大的夫妻，用起来相当勉强，倘若还想在卧室内增加电视机、梳妆台或书桌，需要更大的空间才能满足需求。

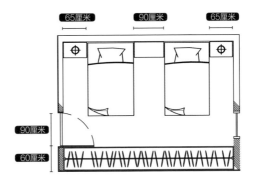

主卧需视夫妻生活习惯设计，若是分床睡的双人房，两张并排摆放的床之间至少要有 90 厘米宽的过道，总计需 400 厘米 × 350 厘米，即最小尺寸至少要 13.9 平方米。

巧计算

想要睡多大的床，也取决于空间尺寸！

卧室宽度 = 床的宽度 + 左过道 65 厘米 + 右过道 65 厘米 = 220 ~ 250 厘米

卧室深度 = 床的长度 + 衣柜前过道 90 厘米 + 衣柜深 65 厘米 = 335 ~ 365 厘米

	单人床	双人床
宽度／厘米	90、105、120	135、150、180
长度／厘米	180、186、200、210	180、186、200、210

要有多少空间，衣柜才能升级成衣帽间？

衣帽间的意思就是"可走进去的衣柜"，在一定程度上结合了换衣空间，如果宽敞些还能结合梳妆台或衣帽展示。以下是各类型衣帽间所需要的最小空间尺寸，若使用滑门，过道深度可减少50厘米，但再小换衣时则很难舒适回身。

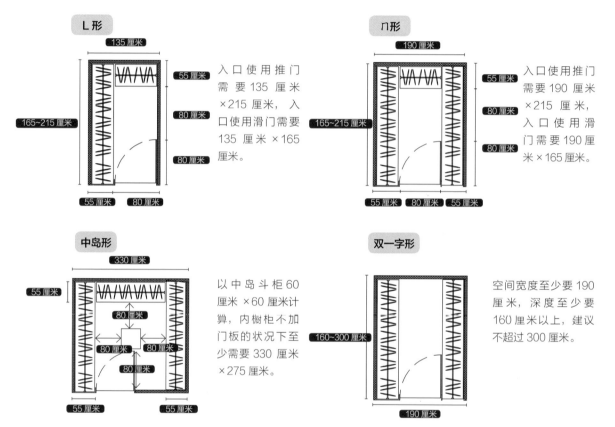

L形

入口使用推门需要135厘米×215厘米，入口使用滑门需要135厘米×165厘米。

П形

入口使用推门需要190厘米×215厘米，入口使用滑门需要190厘米×165厘米。

中岛形

以中岛斗柜60厘米×60厘米计算，内橱柜不加门板的状况下至少需要330厘米×275厘米。

双一字形

空间宽度至少要190厘米，深度至少要160厘米以上，建议不超过300厘米。

注 通常衣帽间内的橱柜都不需要再增加柜门，倘若是中岛形、如房间大小的衣帽间，为追求整体感可增加柜门，过道空间最好也再增加些。此外，使用对开门的橱柜柜身约60厘米，使用滑门需增加轨道空间，柜身以70厘米计算。

折中式的衣帽间，利用过道两侧设计双排衣柜，虽然不算是一个独立空间，但可屏蔽外部部分视线、不阻碍动线，缺点是没有独立衣帽间的隐秘性强，但因为空间是开放式的，过道宽度必须包括防尘门板的厚度。

过道形

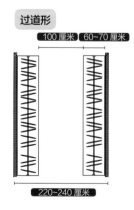

橱柜使用推门宽度需要220厘米，使用滑门宽度需要240厘米。

衣帽间与卫生间的排列顺序

✕ 卫生间变成采光障碍，主卧浪费太多空间在过道上。

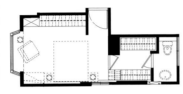

〇 双一字形衣帽间也是行走的过道，除了洗澡拿取衣物方便，另一个优点是浴室的洗手台就可取代梳妆台，不需要再另外设置。

■ 案例提供 / 德力设计

不一定有衣帽间就是最好的

✕ 衣帽间扣除进出房间与浴室的过道空间所剩无几，其长度不足以容纳双人衣物。

〇 改为一长排的衣柜，既可增加房间使用面积，过道上又增加一个小桌面，让走廊多了不同功能。

■ 案例提供 / 德力设计

衣柜的背面也是设计着眼处

■ 案例提供 / 珥本室内室内设计

开放过道形的更衣室既有屏蔽效果又提供了双动线过道，还可当成电视墙。

将独立衣帽间变成书房

■ 案例提供 / 德力设计

衣柜部分结合桌面，衣帽间空间变成不受打扰的读书角落。

浴室是马桶、浴缸与洗手台的组合游戏

文／魏宾千、李佳芳

浴室设计以功能性为出发点，追求的是空间的使用率。浴室要多大才理想？这个问题要回归到浴室空间的组成元素。浴室通常分为全套式、半套式。所谓半套浴室就是只提供马桶、面盆，并没有盥洗设备。若加入淋浴间、浴缸等，便是全套浴室。各个设备的宽度尺寸构成了一间浴室的基本大小。

随着水价的提高与居住空间的限制，有泡澡习惯的家庭越来越少，绝大多数还是采用淋浴方式。因此，浴室最需要注意的便是干湿分离设计。虽然少了干湿分离可以节省空间，但一冲澡便将整间浴室弄得湿漉漉的，增加了后期清洁的烦恼。想要设计舒适且空间使用率高的浴室，必须先了解浴室设备基本构成元素的尺寸。

影响浴室尺寸的元素

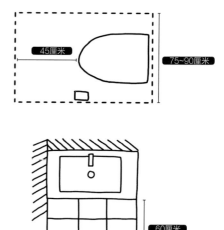

1. 马桶 除了须计算马桶设备的大小，还须考虑人坐在马桶上的回身舒适度，两侧预留身体肩膀宽度，前方则要留出膝盖弯曲的距离。因此，马桶区有 80 厘米宽才是合理的，前方则预留 45 厘米。

2. 洗手台 洗手台的大小依照种类不同，通常台面宽度的基本尺寸是 60 厘米，洗手台前方至少要预留 60 厘米单人过道。洗手台的长度可随收纳量与空间大小增减，若空间允许通常大一点较好，瓶瓶罐罐有地方可放，或者也可用镜柜收纳物品。

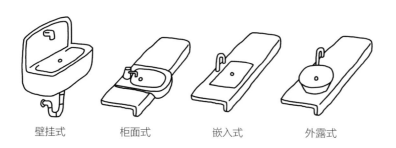

壁挂式　　　柜面式　　　嵌入式　　　外露式

3. 淋浴间 可分为长方形或正方形，长方形淋浴间的宽度一般是 80 ~ 90 厘米，长度（深度）大于 110 厘米，这样的尺寸让人们在淋浴时，可以略微弯下身子拿取前方墙面、地面上的物品。若空间许可的话，可再加长、加宽淋浴间。

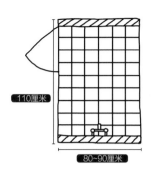
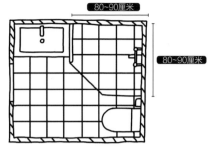

长方形淋浴间（左图）：适合设在墙与墙之间，宽度 80～90 厘米、长度 110 厘米以上为佳。

正方形淋浴间（右图，也可设计成圆弧形）：适合用在角落，尺寸需要 80～90 厘米。

4. 浴缸 喜欢泡澡的人，可能会添加浴缸设备。市售单人浴缸的尺寸多为长 150 厘米、宽 70 厘米，若需按摩浴缸则至少要长 160 厘米、宽 75 厘米。而浴缸依形状可分为需砌墙和不砌墙（免施工）浴缸，需砌墙的浴缸还须预留 15 厘米的砖墙宽度，保守估计宽度最好保留 85 厘米。此外，针对空间较小的浴室，还有长约 120 厘米、宽约 80 厘米的坐式浴缸。

单人浴缸

按摩浴缸

坐式浴缸

巧计算 设计一间全套式浴室，你可以这样计算空间尺寸

浴室宽度 = 马桶区 80 厘米宽 + 洗手台 60 厘米宽 + 淋浴间 80 厘米宽 = 220 厘米

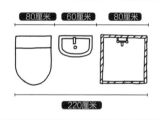

空间合并，营造一间舒适的浴室

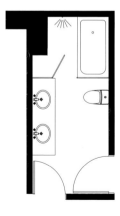

适合亲子共浴的浴室

用双动线将主浴跟客浴合并成一间适合亲子共浴的大澡堂。湿区包含淋浴区和泡澡区，帮小孩洗完澡后可直接将其放到浴缸，不必再跑到外面来泡澡，孩子玩水时，就能腾出空间自己洗澡。

■ 案例提供 / 匡泽空间设计

可兼作客卫的浴室设计

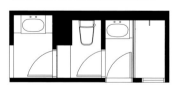

四件式排列的浴室，马桶间可以共享，优点是有两个洗手台，客用和主用分开，私人用品不会被看见。

■ 案例提供 / 匡泽空间设计

将卫生间门回旋、马桶与洗手台的留白区块合并，能大幅节省空间！

适合单人使用的浴室

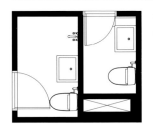

✕ 设备并排设置，也就意味着动线距离较长。

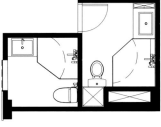

〇 设备用 L 形设置，动线和使用区可以合并。

■ 案例提供 / 馥阁设计

卫生间管道间也是经常被忽略的设备

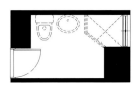

✕ 受限于柱子与动线，洗手台很局促。

■ 案例提供 / 演拓空间室内设计

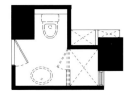

〇 改变一下形状，将开门区和洗手台、马桶的转身区合并，感觉每一分空间都彻底地发挥出了应有的功能性。

小浴室容易发生撞门事件

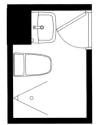

✕ 卫生间很小，门与洗手台发生撞击！

〇 改变门的位置（换成拉门更好），将出入动线和马桶前方区域合并，洗手台就能增设浴柜。

■ 案例提供 / 成舍设计

7 行走空间最适尺寸

虽不是房间，却是愉悦移动的重要帮手

文 / 魏宾千、李佳芳

楼梯

室内楼梯的宽度不得低于 120 厘米，楼梯净高不得低于 190 厘米。宽度若是仅容纳单行者的话，则至少要有 75 厘米，最多放宽至 90 厘米。另外，每一个台阶的级高为 15 ~ 18 厘米，台阶的级深为一个脚掌大小，即 22 ~ 27 厘米，才是合理又舒适的阶梯设计。

15~18 厘米
25.5~28.5 厘米

巧计算

楼梯的基本形式

直梯 占用的空间大，但走起来较省力，需要频繁上下楼或搬运东西时使用会较方便。

折梯 占用面积小，也可以节省楼梯间四周走廊的绕行距离，但由于动线转折较大，若经常要搬运东西上下楼，走起来较耗体力。

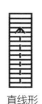

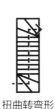

扭曲转弯形　　直线形　　扭曲转弯形　　折返形　　螺旋形　　U 形

楼梯的形状与位置影响平面！

黄色：走廊空间。蓝色：上下动线。紫色：挑空区域。红色：楼梯

上层

下层

直梯靠墙放

一楼楼梯占据范围较大，厨房占比缩小，玄关正对厨房。二楼需要的走廊面积最大。

上层　　下层

折梯靠墙放

餐厅空间无法被界定。二楼动线必须多出一个过桥，挑空形状比较复杂。

上层

下层

折梯在中央

挑空面积最小，楼梯可略遮挡厨房。二楼需要的走廊面积最小。

■ 案例提供 / 大雄设计

过道

一般过道较为舒适的宽度为 75 ~ 90 厘米，而住宅建筑设计规范里也规定过道净宽要在 80 厘米以上。不过，这里是指单行道的情况，如果要让两个人在过道上交会通过，净宽起码要有 100 厘米，才能容纳一人正行、一人侧身通过。

依照同时可通过的人数，可大致将过道宽度分为：60 厘米宽为单人过道（通过时可能还要微侧身），90 ~ 100 厘米宽为双人过道，而 120 厘米以上就是双人可并行的过道宽度了。

横向通行 45厘米　正面通行 55~60厘米　两人正面擦身而过 110~120厘米

通常 60 厘米宽单人过道大多出现在房间内，例如主卧通往卫浴、更衣室的过道。而一般住宅内衔接公共空间与房间的过道宽度，还是以 90 ~ 120 厘米最为恰当。

有老人同住须预留辅具通过的尺寸！

考虑到老人将来可能会有辅具需求（助行器、轮椅），过道净宽至少要大于 90 厘米，才能让辅具通过；如果要让轮椅使用者与行人可双向通过，过道净宽则要有 120 厘米。

若要做成全无障碍空间，则走廊应该有轮椅可回转的宽度，约 150 厘米。倘若过道无法做到这样的宽度，至少要在过道的末端、房间、卫生间内预留 150 厘米 ×150 厘米见方的空间，让轮椅可以在房间内旋转。

若是进一步考虑医疗寝具，那么门的净宽也要在 90 厘米以上，未来才能搬入电动床垫。若要让电动护理床也能通过，门宽与过道的净宽则需要预留 100 厘米以上（电动护理床各品牌尺寸不同，宽度为 95 ~ 115 厘米不等）。

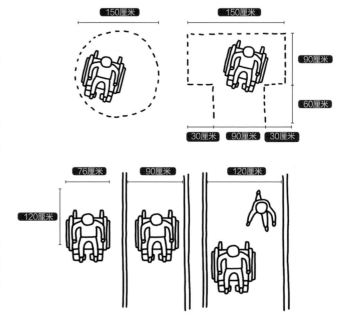

150厘米　150厘米　90厘米　60厘米　30厘米　90厘米　30厘米　76厘米　90厘米　120厘米　120厘米

巧计算

无障碍高度也是重点！

家中有轮椅使用者，餐桌高度的设计通常为 75 ~ 78 厘米，但放脚的深度必须为 48 厘米以上，才符合轮椅需要的可近性。倘若有经常使用的电器，如热水壶、微波炉等，建议放在略低的台面（约 70 厘米高），让操作接口可在 120 厘米以下，以便坐着轮椅也能轻松够到。

30、60、90 快速隔断法

文／李佳芳　案例示范／SW Design 思为设计

没有受过专业室内设计训练，突然要着手设计房子，不知如何下手？别担心，这里为大家提供一套快速设计法作为参考，通过前面阐述的内容，相信大家都清楚建立了空间尺寸的基本概念，而我们也发现这些尺寸数字中隐藏着一个秘密，即"60 厘米"的法则无处不在！

举例来说，最基本的单人过道宽度为 60 厘米，双人可并行的过道宽度则是乘以"2"；而轻装修最常使用到的成品柜，无论衣柜或厨具的标准深度也是 60 厘米。若以 60 厘米见方的格子来计算面积，3.3 平方米恰好是九宫格大小。

9 个格子为 3.3 平方米

因此，60 厘米确实被实战应用于快速设计中，很多设计师在没有电脑、只能运用手绘的情况下，通常会先在平面图的横线上打上 60 厘米的等距网格线，当作参考标准值，如此一来，初步完成的平面图在尺寸上就不会偏差太远了！

柜和过道的基本尺寸表

30法则	60法则	90法则
鞋柜 书柜	单人过道 厨房过道 （乘以"2"就是双人可并行的过道） 厨具深度 衣柜深度	房间门宽 双人过道（可通过辅具）

法则下的空间基本尺寸表

客厅	约8.6平方米
餐厅	约6.6 平方米
厨房	约6.6 平方米
双人卧室（主卧）	约11.6平方米
单人卧室	约8.3平方米
玄关	约1.7平方米
更衣室	约3.3平方米
浴室	约3.3平方米

步骤1

在原始户型平面图上整理出家的梦想清单

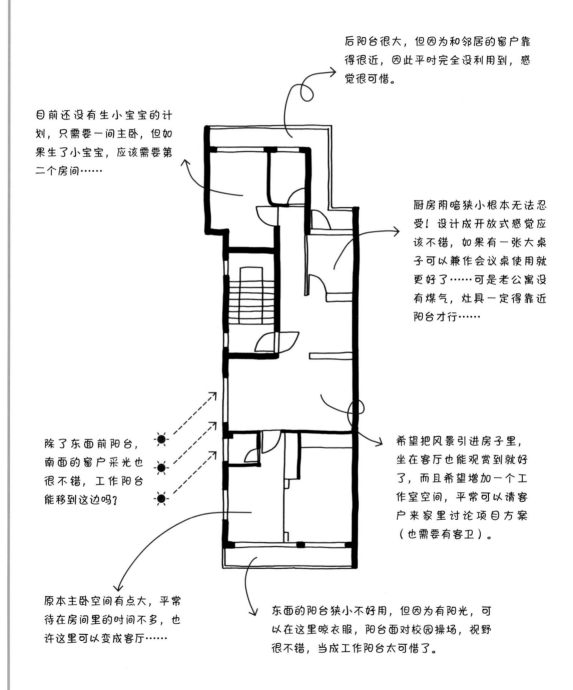

后阳台很大，但因为和邻居的窗户靠得很近，因此平时完全没利用到，感觉很可惜。

目前还没有生小宝宝的计划，只需要一间主卧，但如果生了小宝宝，应该需要第二个房间……

厨房阴暗狭小根本无法忍受！设计成开放式感觉应该不错，如果有一张大桌子可以兼作会议桌使用就更好了……可是老公寓没有煤气，灶具一定得靠近阳台才行……

除了东面前阳台，南面的窗户采光也很不错，工作阳台能移到这边吗？

希望把风景引进房子里，坐在客厅也能观赏到就好了，而且希望增加一个工作室空间，平常可以请客户来家里讨论项目方案（也需要有客卫）。

原本主卧空间有点大，平常待在房间里的时间不多，也许这里可以变成客厅……

东面的阳台狭小不好用，但因为有阳光，可以在这里晾衣服，阳台面对校园操场，视野很不错，当成工作阳台太可惜了。

步骤 2

建立 60 厘米基准格，用"涂满法"来思考配置

扣除床与过道的宽度后，这里还可以做些什么？

墙壁凹进去的地方有一格宽（60 厘米以上），刚好可以塞进衣柜。

客卫的深度和阳台相近，这边有大扇的南面窗，把工作阳台移到这边比较好（不过宽度有点大，也许可以切割一部分做储藏柜……）。

将来如果设儿童房，客卫还是有淋浴间比较好，一面墙保留，另一面墙打掉，把面积加大一点。

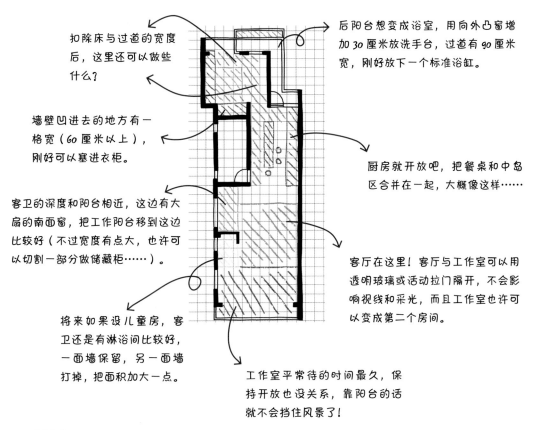

后阳台想变成浴室，用向外凸窗增加 30 厘米放洗手台，过道有 90 厘米宽，刚好放下一个标准浴缸。

厨房就开放吧，把餐桌和中岛区合并在一起，大概像这样……

客厅在这里！客厅与工作室可以用透明玻璃或活动拉门隔开，不会影响视线和采光，而且工作室也许可以变成第二个房间。

工作室平常待的时间最久，保持开放也没关系，靠阳台的话就不会挡住风景了！

步骤 3

统计收纳量后将初始图精确化

如果用 Auto CAD 软件绘图，就变成专业室内设计师的平面图了。

户型优化八法

2.1

空　间
增大术

功能合并，空间利用率更高。

提升空间利用率的重点在于功能合并，利用高度或平面的重叠、合并式家具等，使一个空间可以具有多种功能，例如书房增加沙发床即可变身客房，诸如此类的做法都属于合并。

在设计构思的时候，可以"频率"与"时间差"为原则。使用频率高的功能应该当主角，使用频率低的功能应该做配角，例如书房天天使用可当主角，客房一个月仅用 1 ~ 2 次就是配角；一天中只占用 1/3 时间的寝区是配角，占用 2/3 时间的客厅是主角。这些配角空间可以放在复式空间，或运用特殊家具隐藏，必要的时候才展现出来。

运用时间差，则是指两个性质类似、使用时间却不同的空间可以合并，例如同一张桌面，晚上 6 ~ 8 点当成餐桌，其余时间可当成书桌，就能将书房与餐厅合并；倘若书桌全天候堆着电脑与文件的话，根本找不出空余的地方，那就不好合并了。

(方法 1) **功能合并** 利用门板做灵活隔断，一屋多用

利用可移动隔断或隐藏家具，在必要时可围塑空间、增加功能，转换空间角色。例如书柜结合隐藏掀床、书桌结合滑轨可轻易移开，将书房变成客房；或者利用折叠门、滑门、移动墙等活动隔断，将开放空间一角变成独立房间。

图片提供 _ 尤哒唯建筑师事务所

(方法 2) **走道应用** 避免采用纯过道，增设功能不浪费

要提升空间利用率，就要尽可能避免单纯过道的产生。首先可以通过空间配置，将公共空间放在空间中央，直接用公共空间连接私密空间，这是一种减少纯粹过道的设计方法。其次将过道两侧的墙面结合储物功能、折叠式工作台（以不阻碍动线为原则），或是在走道尽头加设阅读平台等，都是提升过道功能性的做法。

图片提供 _ 德力设计

(方法 3) **积木堆叠** 向上争取空间，次要功能往上放

利用高度将次要功能往上放的方法，可争取到更多使用面积。例如面积不大的卧室内可将床铺设计为复式，上方区域设置供休息的床，下方区域摆放衣柜，或作为书房等使用。楼高在 4.2 米及以上的房子则可将房间设计为夹层，增加房间数目。设计夹层要注意，倘若上层空间的高度不足以站立，建议楼梯最后一阶的跨距加高，使使用者能够保持头不碰到天花板的站姿，作为弯腰进入夹层的准备。

图片提供 _ 馥阁设计

2.1 空间增大术 功能合并

案例 1

66平方米商务出租房变身小家庭功能住宅

面积 ■ 66平方米 ｜ 屋况 ■ 二手房 ｜ 家庭成员 ■ 夫妻 ｜ 建筑形式 ■ 公寓 ｜ 户型 ■ 三室两厅→两室两厅 + 开放式书房

66平方米的三室两厅，厨房里却放不下冰箱，洗澡容易弄湿马桶！

这个房子过去作为商务出租房，原始户型设计的方式很单纯，就是房间越多越好。在这个空间里，勉强放下三个房间和两个非常狭小的浴室，而厨房也太过狭小，甚至摆放不下冰箱。依照平面图假设的餐厅位置Ⓐ，代表无论出入房间、使用卫生间、到厨房喝水都要绕过餐桌才行，且餐厅与厨房间的动线迂回，乍看之下，功能应有尽有，却不便使用。因此，主要的户型设计在于恢复小家庭所必须使用的浴室、厨房、餐厅等功能，利用入口转向和穿透隔断，提升小户型的空间利用率。

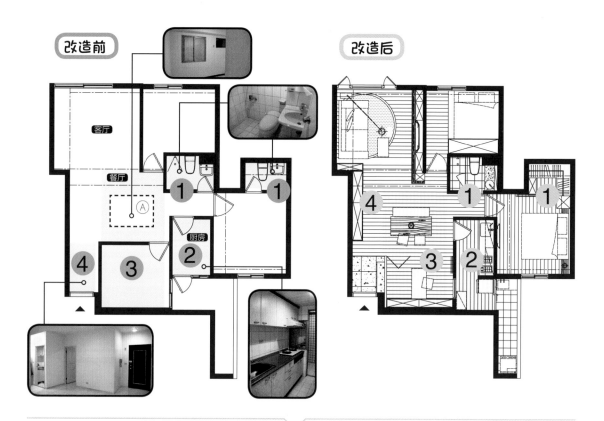

 问题

❶ ▶ 浴室太小，开门就会撞到洗手台或马桶。

❷ ▶ 厨房又小又封闭，甚至摆放不下冰箱。

❸ ▶ 多出一室，作为书房又缺乏开放性。

❹ ▶ 几乎没有玄关空间，鞋子无处可放。

 对策

❶ ▶ 改变客卫入口，内部面盆移位，还多了干湿分离的淋浴区。

❷ ▶ 厨房连接部分阳台，让冰箱的位置有了着落。

❸ ▶ 拆掉一个隔断，用玻璃隔断串联餐厅与书房。

❹ ▶ 设置转角多功能柜体，整合客厅和玄关功能。

运用手法 1.2.3

① 改变出入动线 ② 增加摆放冰箱的位置 ③ 穿透灵活隔断 ④ 转角多功能柜体

1 推门变横拉门 + 面盆偏位，小厕所也好用

将主卧不好用的小卫生间改为更衣室；客卫大小维持不变的情况下，调整出入口位置，推门改为横拉门后，并将面盆偏位摆放，功能不减，还增加了平台面积与一整排镜柜。马桶略向墙移动后，挪出了干湿分离的淋浴区，以后洗澡再也不用担心弄湿马桶了。

2 厨房连接部分阳台，冰箱得以摆放

厨房在不变更外墙情况下，拆掉通往阳台的门，连接部分阳台，增加摆放冰箱的位置。将厨房出入口转向，改为无门框式暗门，和餐厅保持直接的动线关系。

3 强化玻璃隔断串联餐厅和书房

设定餐厅区域兼具书房与客房功能，将原来的隔断墙拆掉，改为强化灰色玻璃折叠门，使单一空间可与餐厅串联。书桌与书墙成为一体，桌板下结合轨道，可左右移动，只要将书桌推开，就能腾出中间区域打地铺，作为客房使用。

4 设置鞋柜、书架、展示、收纳合一的多功能柜体

鞋柜设计为上下柜形式，也可用来收纳杂物，中间平台则方便回家时随手放钥匙，也可当成书架使用。柜体同时向客厅延伸成为转角展示柜，可以用来展示家庭相片与旅行纪念品，同时整合客厅与玄关的功能。

■ 空间设计与图片提供 / 成舍设计（南西分公司） TEL：02-2555-5918

2.1 空间增大术 功能合并

案例 2

凸窗平台活用，嵌入完善餐厨功能

面积 ■ 53 平方米　屋况 ■ 二手房　家庭成员 ■ 单身　建筑形式 ■ 单层　户型 ■ 一室两厅→一室两厅＋书房

客卧动线打结，厨卫狭路相逢，住得不舒畅！

面积 53 平方米的住宅，依据大门位置判断沙发应该在Ⓐ区块，但因为房间开门位置关系，使沙发与动线互相干扰。此外，为了避免开门就看到床，床只好塞在卧室角落，使用起来感觉紧张。最糟糕的是，卫生间与厨房相对，空间都非常狭小，想上卫生间必须侧身经过厨房，甚至热水器与燃气表都安装在厨房内，相当危险。

设计师以餐桌、沙发、电视墙所形成的轴线来设计，将厨房外移，借凸窗平台的高低变化，安排餐厅座位区、厨房，并用悬吊餐桌板、矮柜满足用餐与收纳功能。厨房合并为浴室后，多了干区空间，并使用有复古气息的绿色玻璃隔断，半穿透视感具有放大空间的效果。

问题

❶ ▶ 厨房和卫生间相邻，且空间狭小，使用不便。

❷ ▶ 沙发最好的位置在Ⓐ处，却与房门互相干扰，房门位置尴尬，床只能置于角落。

❸ ▶ 没有玄关空间。

对策

❶ ▶ 将厨房外移，浴室拓宽；厨房与女儿墙下切结合成完善的餐厨空间兼工作区。

❷ ▶ 主卧室门移位，并采取暗门的设计，与电视墙采用相同材质，连成一体。

❸ ▶ 电视墙巧妙结合鞋柜，界定出玄关空间。

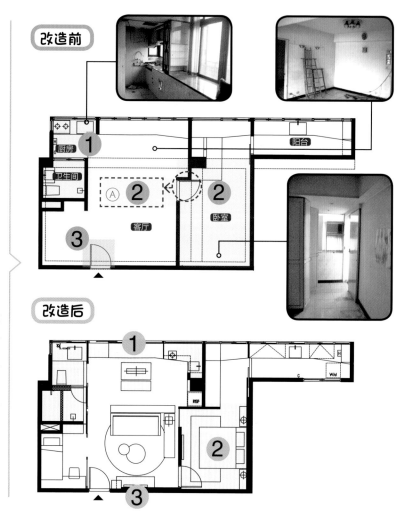

改造前

改造后

运用手法
1.2.3

 ① ▸ **女儿墙下切** ② ▸ **出入口移位** ③ ▸ **电视墙结合鞋柜**

1 浴室、餐厅、厨房，活用女儿墙放大空间

在原来厨房的位置纳入卫生间，使卫生间加大，并设置干湿分离区。利用原来凸窗下切安装面盆与梳妆台，镜子使用吊式旋转镜，可避免遮住采光，借光线照亮空间。将原来凸窗的女儿墙下切，从右至左依次设定备餐台、炉灶、座位区，甚至延伸入浴室成为面盆区。借助橱柜整合柱体，利用畸零的内凹位置放置冰箱。

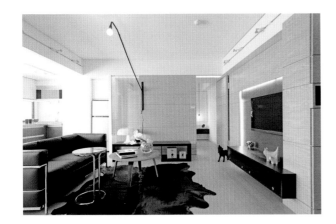

2 改变主卧室门的位置，还多出更衣室

主卧室门移位，原门洞加上固定玻璃，平时可以起到穿透的效果，扩大视觉空间，当朋友拜访时则可放下百叶窗增强私密性。新的出入口利用暗门方法，与电视墙形成一致的风格，彰显空间感。

3 电视墙侧向兼作鞋柜

不对称电视墙的侧向兼作鞋柜，界定出玄关空间；鞋柜中段凿出一个开放柜，作为玄关柜使用，方便随手放零钱与钥匙。

备忘录 **鞋柜大小其实男女有别**

男、女生的鞋子尺寸差距大，通常男生鞋柜尺寸宽 30 厘米、深 38 厘米，女生鞋柜则为宽 30 厘米、深 35 厘米。如果鞋柜底板不靠墙（如本案为侧向），则需加上 2 厘米的厚板，较为牢靠。

■ 空间设计与图片提供 / 奇逸空间设计　TEL：02-2752-8522

2.1 空间增大术 功能合并

案例 3 可伸可缩的一个大房间，用移动墙瞬间转换角色

| 面积 ■ 58.7 平方米 | 屋况 ■ 老房 | 家庭成员 ■ 夫妻 | 建筑形式 ■ 单层 | 户型 | 两室一厅 + 厨房 + 书房 + 一卫→一室两厅 + 厨房 + 书房 + 一卫 |

十字结构将空间分割为四等份，生活互动僵化。

因怀孕而决定搬回故乡定居的这对夫妇，请设计师改造了许久未用的老宅。由于房子位于山坡上，周边栋距很远，虽然采光条件不错，但在空间中央可以清楚看见一根大柱子与十字交叉的梁，将房子切割成四个区块，造成各个空间互动僵化、采光不良。

设计师从房子的特殊结构入手，借助一张桌子重新讨论每个空间需要的"平台"概念。用长桌贯穿确立四个空间，并以玻璃屏风、移动墙取代既有隔断，使主卧可伸可缩、书房变成客房，平时可将公共区域最大化，享受整个空间为一个大房间的开阔感。

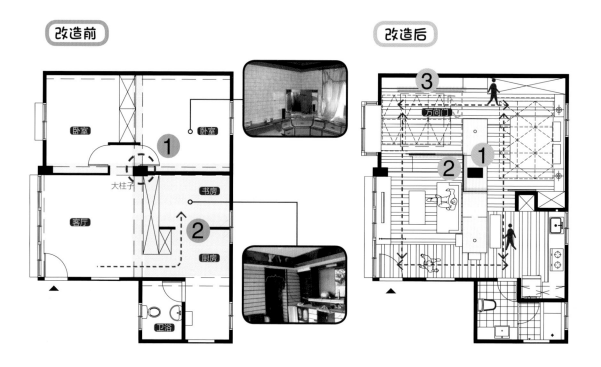

改造前 / 改造后

 问题

❶ ▶ 沿十字梁做隔断，空间互动不畅且阴暗，整体感觉很狭小。

❷ ▶ 空间动线不顺，必须经过厨房才能进入书房。

 对策

❶ ▶ 整合餐厅、卧室的平台功能，用一张桌子串联空间。

❷ ▶ 用架高地面与玻璃墙，划分公私两大区域。

❸ ▶ 应用万向轨道打造可移动的墙，让书房未来可转变成第二个房间。

1　一张长桌整合平台

一般居室空间中，几乎每个房间都需要一张桌子，设计师借助一张桌子将客厅、餐厅、主卧、书房的需求化零为整，使桌子扮演多重角色，是一道矮墙、沙发的靠背，也可是餐厅的饭桌、书房的书桌，或主卧的化妆台。

2　玻璃通透，空间自由伸缩

主卧与书房区域的架高地板可做收纳使用，地板凸出于客厅地面成为座席。私人区域与公共区域使用玻璃隔断，中央的柱子以水泥粉光处理后，使原本突兀的结构化为玻璃盒中的景象，当放下百叶帘时则可分隔书房，形成独立宽敞的主卧。

3　用移动墙制造第二个房间

考虑到客房的需求以及孩子将来需要自己的房间，书房与主卧预留了各自独立的出入动线，而书柜门使用万向轨道，成为一道可移动的墙面，可以完全阻隔主卧与书房，形成两个独立、互不干扰的房间。

■ 空间设计与图片提供 / 尤哒唯建筑师事务所 尤哒唯　TEL：02-2762-0125

2.1 空间增大术 功能合并

案例 4

老仓库获得新生，活用墙壁凹凸补充功能

| 面积 ■ 86 平方米 | 屋况 ■ 仓库 | 家庭成员 ■ 兄妹 | 建筑形式 ■ 公寓 | 户型 ■ 一大厅→两室两厅 |

旧布行仓库，零隔断、零功能，如何转型成住宅？

从事布料行业的郭氏兄妹，打算将老家旧的办公室改造成住宅，以便回乡定居。初次进入这个房子，便发现整个空间没有任何隔断，现场围积了很多布样，显示过去这里多作为仓库使用，不仅没有房间，所有功能性的空间（厨房、卫生间、工作阳台）都必须重塑。由于兄妹俩都是成年人，有属于自己的生活习惯与作息方式，而且房子一侧紧临马路，因而将卧室放在后方较安静的区域。卧室加上局部轻隔断，设计了凹凸墙，使兄妹俩都有属于自己的更衣室兼储藏室。共同使用的公共区域则以明亮的柠檬黄，结合原有布料元素，展现出传承的空间意象。

问题

❶ ▶ 角落有些畸零的棱角，破坏空间的完整性。

❷ ▶ 原本为仓库，零隔断，毫无住家功能。

❸ ▶ 屋前临大马路，需要考虑噪声问题。

对策

❶ ▶ 畸零内凹部分设计成储藏室，与浴室和电视墙拉成一个完整的立面。

❷ ▶ 利用开窗位置，空出可洗衣、晾衣的阳台。

❸ ▶ 因房子一侧紧临马路，因此将卧室规划在内侧安静的区域，并创造双更衣室，取代衣柜。

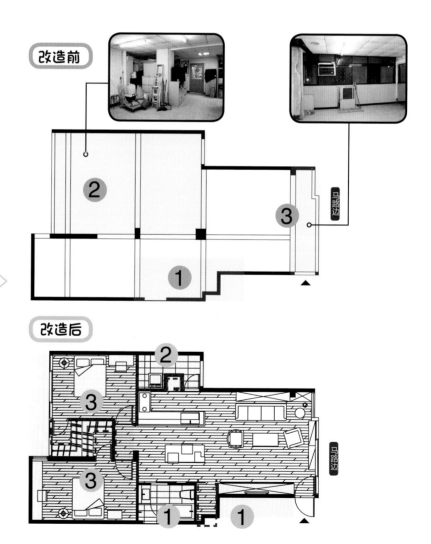

改造前

改造后

1 整合电视柜、储藏室与浴室成连贯立面

以收纳柜取代电视墙，柜体凸出的深度与结构内凹的深度加起来，刚好可以设计一间完整的四件式卫浴间。而设计师使用旧有布料制作了四片滑门，整合电视柜、储藏室与浴室连贯的立面，平时可将电视机隐藏起来，变成一道装饰墙。

备忘录 化大柱子为餐桌，成为空间焦点

空间中央有一根很大的柱子，大部分人会觉得这是一个障碍物，不过如果将柱子结合餐桌与蛋形天花板，就成为空间饶有趣味的焦点。

2 凹凸形隔断墙恰好摆放冰箱和洗衣机

原空间没有阳台，在有开窗的位置空出半户外空间，当作洗衣、晾衣的工作阳台，而隔断墙设计成凹凸形，恰好塞进厨房的冰箱与阳台的洗衣机。厨房以较高的吧台分隔，具有通透性，也可以遮蔽吧台上常用的电器。

3 卧室设在内侧，置入双更衣室

考虑老房结构的安全性，原有墙壁保留不动。房子一侧临着主路，因而将卧室放在后方安静的区域。沿着梁隔出两个房间，原有短墙加上轻隔断打造两个 L 形对称的更衣室，取代衣柜。

■ 空间设计与图片提供/非关设计 洪博东 TEL：02-2750-0025

2.1 空间增大术 过道应用 | 案例 5 | 走廊也是书房，过道变成情感交流的中继站

| 面积 ■ 单层 50 平方米 | 屋况 ■ 二手房 | 家庭成员 ■ 夫妻 +1 子 | 建筑形式 ■ 夹层 | 户型 ■ 三室一厅→三室两厅 |

夹层做满，面积多出一倍，但暗房占比很大！

楼高 4.5 米的房子分成上下两层，将原本只有 50 平方米的使用面积增至将近 100 平方米，但因为夹层太深，加上家具摆放不太正确，整体空间令人感到压迫，2 楼夹层用不到的阴暗回廊反而占去大面积空间。此外，房子没有规划餐厅，只能在客厅用餐。于是，设计师改变了楼梯位置，在回字动线上安排厨房、玄关等不同属性空间，让走廊得到有效的利用。此外，二楼空间的回廊区域，利用挑空与玻璃接口引入光线，消除压迫感，使这里仍能保持明亮舒适，变成家人共享的阅读区。

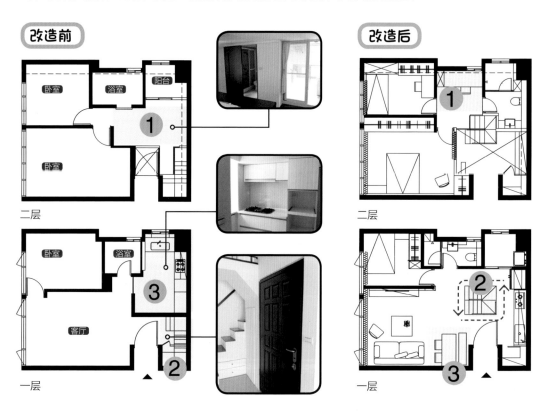

改造前　二层　一层

改造后　二层　一层

 问题

❶ ▶ 2 楼夹层的回廊区为暗房，不但面积大，且不常使用。

❷ ▶ 楼梯位置不当，与玄关产生压迫感，并造成 2 楼大片闲置空间。

❸ ▶ 厨房太小，且没有餐厅，只能在客厅用餐。

 对策

❶ ▶ 公共回廊成为全家人的阅读空间。

❷ ▶ 将楼梯移位，使走廊空间得以多重利用。

❸ ▶ 客、餐厅合并使用，有了用餐空间。

提示
运用手法
1.2.3

① ▶ 回廊当作书房   ② ▶ 楼梯移位   ③ ▶ 客、餐厅合并

1 公共回廊也是书房

原本阴暗的回廊区域改用玻璃接口引光并做挑空处理，成为衔接楼梯到主卧、儿童房、卫浴三者的过渡。此区域范围虽然不大，但因紧临楼梯间挑空，因此视觉上也不显压迫。此外，回廊合并了书房功能，成为全家人的阅读空间。

2 将楼梯移位，造就走廊可以多重利用

将楼梯置于平面中央，厨房与玄关直接设在回游动线上，使走廊空间能够被多重利用。而楼梯量体所对应的四个面分别具有不同使用功能：客厅的展示柜、玄关的鞋柜、厨房的电器柜，以及客卫外可双向使用的独立洗手槽，其还有隐藏电器箱的功能。

3 客厅与餐厅合并使用

厨房采取开放式设计，将餐厅与客厅合并为一个较大的公共空间，虽然厨房必须经过玄关才能到达餐桌，但玄关为使用频率较低的区域，加上无屏隔阻挡，餐厨空间尚能保持完整。

■ 空间设计与图片提供 /
大雄设计 林政纬　TEL：02-8502-0155

2.1 空间增大术 过道应用

案例 6 十字过道合并书房，形成具有凝聚力的空间

| 面积 ■ 100 平方米 | 屋况 ■ 新房 | 家庭成员 ■ 夫妻 +2 子 | 建筑形式 ■ 单层 | 户型 ■ 三室两厅 + 一厨 + 两卫→两室两厅 + 一厨 + 两卫 + 共读书房 |

缺少书房，儿童房拥挤，空间却浪费在过道上！

初次沟通时，屋主就表示未来这个房子的配置必须有主卧、儿童房、客厅、餐厅，以及独立的亲子书房。依照原始的状况来看，房间数量并不能满足使用要求，若要使两个孩子拥有独立的房间，书房势必要与餐厅合并使用。于是，设计师取消主卧更衣室，利用柜体重新规划出主卧与儿童房，使两个孩子可以共享一个大房间，并将另一个房间设计成具有工作室、儿童书房与客厅等多重功能的空间，加上客卫开口转向，让儿童房的使用范围向外延伸，具有套房功能。

改造前

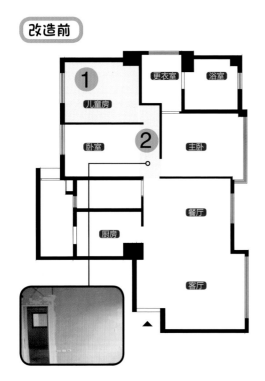

改造后

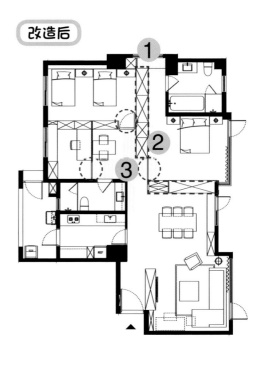

 问题
① ▶ 更衣室挤压次卧，空间不够两个孩子共享。
② ▶ 为了沟通房子深处的各个空间，形成长而无用的过道。

 对策
① ▶ 主卧更衣室取消，利用双面衣柜重新界定，满足主卧与儿童房的收纳需求。
② ▶ 书房使用玻璃墙分隔，将部分走道纳入使用空间。主卧衣柜背面嵌入电视机，书房变身为起居视听室。
③ ▶ 让门的概念消失，书房变为半开放空间。

提示
运用手法
1.2.3

① ▶ 柜体取代更衣室　② ▶ 穿透合并　③ ▶ 消除门的概念

1 双面衣柜取代更衣室又界定空间

主卧与餐厅、儿童房改用柜体做隔断，不仅取代更衣室功能，衣柜的总长度较原来增加许多，满足两人的衣物收纳量，并让儿童房得以加大。进出浴室的走廊底端嵌入一张小桌，除可做梳妆台外，当男主人或女主人需要独处时，走廊空间也具有一人小书房的功能。

与主卧共用的双面衣柜

2 工作室加上书房瞬间变成客厅

将爸爸的工作室和孩子们写作业的书房放在一起，运用清玻璃作为分隔的暗示，使工作室既可独立使用，也可陪伴孩子阅读。过道上，主卧衣柜背面嵌入电视机与视听设备，使这个空间又能变成全家娱乐用的客厅。

3 十字空间重复利用

设计师在门上做了三件事情：一是尽可能地将门板拉高置顶，减少压迫感，使门的概念消失；二是把门化为墙，将横拉门结合柜门，使门的形体隐藏；三是运用清玻璃做暗示，让光线可以四处流动，空间可以结合，促使从客厅通往卧室必经的十字空间能被多重使用。

备忘录 了解门的差异才能活用

传统门：可分为单开、双开与子母门，空间私密性最强，但使用太多容易失去空间感，需要独立性与私密感时使用，如大门、房间、卫生间。

横拉门：又称推拉门或滑门，可节省打开空间，但隔声效果不如传统门，制作成本也高，若想平时维持开放的空间可设计为隐藏式，隐藏在墙中或如本案结合柜门。

折叠门：效果类似推拉门，通常用作临时性隔断，收起时能让视线更开阔，常用在和室、书房、餐厨。折叠门可分为单片与双片，跨距较长的空间需使用双片，若设置在对角就能轻易分隔出独立空间，经常被用作临时客房或厨房隔断。

■ 空间设计与图片提供／德力设计 许宏彰　TEL：02-2362-6200

2.1 空间增大术 积木堆叠

案例 7 用"2+2房"概念，打造家族度假小屋

| 面积 ■ 106 平方米 | 屋况 ■ 新房 | 家庭成员 ■ 非固定使用者 | 建筑形式 ■ 夹层 | 户型 ■ 两室一厅 + 两卫 + 夹层三室→两室两厅 + 两卫 + 两夹层卧榻 + 储藏室 |

超矮夹层，3.6 米楼高变成让人不适的"低头房"！

这是两间小套房打通所形成的房子，前屋主为了争取更多使用空间，将较小的一套完全做成夹层，但因楼高只有 3.6 米，上下空间都无法站直，只能做成通铺使用。除此之外，所有空间都使用弹性隔断，空间定位不明确，过于宽敞的浴室浪费不少空间，卫生间连门都没有，缺乏私密性。由于屋主希望以家族度假小屋来设计，必须有数个独立房间来容纳不同家庭，并要有大人的聚会空间与孩子们的游戏室。设计师将隔户墙移除，把公共空间放在中间，用以连接私密空间；将夹层缩减，以"2+2 房"概念来设计，打造出两个功能完整的卧室与两个多功能使用的游戏卧榻。

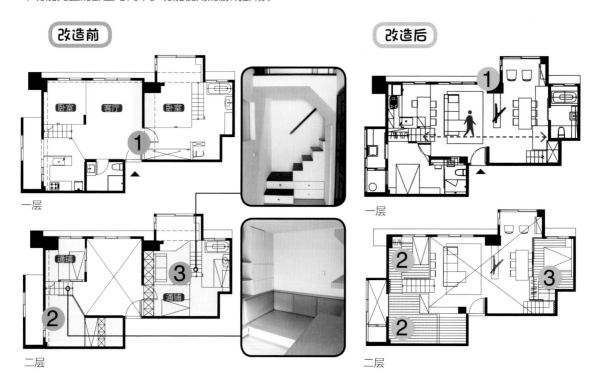

改造前 一层 二层

改造后 一层 二层

问题

❶ ▸ 两套房合并，仅靠一扇小门连通，界线分明。

❷ ▸ 需要能够容纳数个不同家庭的房间以及小朋友的游戏间。

❸ ▸ 大半平面都做夹层，因高度不足，上下空间都得弯腰使用。

对策

❶ ▸ 敲除隔户墙，让平面中间产生完整的公共区，用以连接空间。

❷ ▸ 以"2+2 房"概念设计，在厨房与卧室上面叠做一个夹层，作为儿童游戏区。

❸ ▸ 主卧设在夹层上，利用局部降板，争取更衣室高度。

1 用公共区连接空间，过道不浪费

由于客、餐厅放在中间、卧室及夹层靠两边，可保留中央区域的挑高空间感，公共区域直接取代走廊的功能，减少单纯走道的空间浪费。

2 独立房间上叠设卧榻，打造孩子专属游戏区

左半部平面规划为卧室与厨房，并将孩子的秘密小窝与客人卧榻区叠设在卧室与厨房的上方，隔断墙不到顶，保留上下空间的互动。此外，将上下楼梯的扶手折板延伸成厨房的轻食吧，一体成型界定厨房、客厅与上下空间。

3 更衣室用降板争取站立高度

平面右半部的夹层上层为卧室，下层为客卫与储藏室。因储藏室不需太高，因此将此处夹层的楼板降低，使上方更衣室可以站着使用，穿衣整装不再受限。而寝区只有睡觉时使用，高度较低也无妨。

 备忘录 局部玻璃界面，打造趣味观景角

卧室采用不规则的玻璃镶嵌，中间落地窗可使视线穿透至餐厅，减少压迫感。房间角落设计出L形低窗，使视线可以穿过阳台看到窗外，变成欣赏海岸风光的观景角。

■ 空间设计与图片提供 / 大雄设计 林政纬　TEL: 02-8502-0155

2.1 空间增大术
积木堆叠

案例 8

阅读、待客、练舞，
用3个独立空间满足使用需求

| 面积 ■ 119平方米 | 屋况 ■ 新房 | 家庭成员 ■ 夫妻+2女 | 建筑形式 ■ 单层 | 户型 ■ 四室两厅 + 两卫→三室两厅 + 两卫 + 多功能房 + 三夹层卧榻 |

只有四室的户型，如何容纳主卧、两间儿童房、练舞室、和室、客房？

房子大约119平方米，屋主对于空间规划除基本的三室需求之外，还希望有客房和书房，但原本的四室户型设计已是极限，如何才能满足这家人的需求？幸好这个空间还留有高度。设计师决定用复式方法增加使用面积，将3个房间凭借3座楼梯增加3个独立空间，将睡眠卧榻上移，让出下方宽敞完整的活动区，成为接待客人的和室、孩子的书房、练舞室，让使用面积足足增大了2/3以上，给予孩子宽敞的成长空间。

改造前

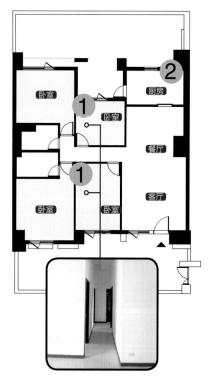

改造后

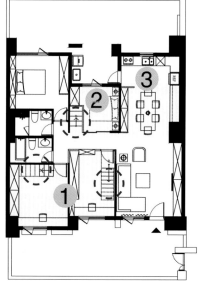

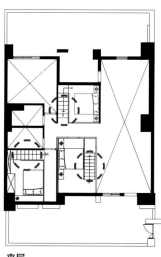

夹层

 问题
① ▶ 原本的四室户型设计不满足需求，希望有完整主卧、两间儿童房、书房和客房，且书房与客房功能独立。

② ▶ 厨房小而封闭，缺乏互动空间。

 对策
① ▶ 在两间儿童房内增设楼梯，增加复式空间。

② ▶ 和室上方复式设计为卧榻区，作为客房使用。

③ ▶ 餐厅两侧设置餐柜与书柜，餐厅也可以是书房。

1 **睡榻上移，增加孩子活动区**

利用空间高度在两间儿童房内增设复式空间，楼下可作为孩子读书的书房或跳芭蕾的练舞室，利用内梯爬上夹层，上层空间不相通，得以保持空间独立性。

2 **运用楼梯，上下串联书房与客房**

屋主同时需要安静的书房与招待亲友的客房，但客房必须是一个独立不受干扰的空间。设计师运用书房、和室上方空间作为卧榻区，但楼梯设置在房间外，使进出动线不用经过下方的房间。

3 **餐厨空间也可以是书房**

屋主拥有大量藏书，同时也希望营造出一种热爱阅读的空间氛围。设计师将厨房打开，与餐厅串联，一侧是餐柜，另一侧则是镶嵌镜面的书架，餐厨空间可以随时转换成开放式书房。

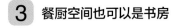

■ 空间设计与图片提供 / 德力设计 许宏彰   TEL：02-2362-6200

2.1 空间增大术 积木堆叠 案例9 利用落差在63平方米内切出一室两书房

| 面积 ■ 63平方米 | 屋况 ■ 新房 | 家庭成员 ■ 夫妻+1子+1老人 | 建筑形式 ■ 挑高 | 户型 两室两厅+两卫→三室两厅+两卫+两书房 |

屋高落差120厘米，全室只有63平方米，又要两间独立书房，怎么办得到？

特殊的建筑结构，在住宅前后两区形成两种不同的屋高，屋前高度是4.2米，屋后高度陡降至3米，120厘米的屋高落差必须解决。此外，室内面积约63平方米，原来仅有2室2厅的规划。考虑到一家四口三代同堂的需求，女主人平时在家工作，需要一间独立的工作室兼书房，加上男主人专用的书房，且两间书房必须拥有良好的互动。于是将挑高的角落切出上下两间书房，夹层区的玻璃地板、玻璃楼梯，更把挑高房屋独有的视觉高度保留下来。除此之外，主卧户型通过将小空间开放、整合，搭配床头墙外凸的处理，获得舒适便利的使用性能。

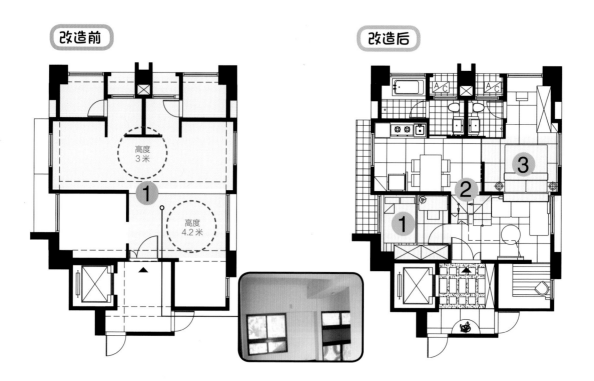

改造前　　改造后

高度3米
高度4.2米

问题
❶ ▶ 房子屋前高度是4.2米，屋后高度是3米，有120厘米的落差必须解决。

对策
❶ ▶ 利用夹层切出上下书房，不但空间独立，还可互动沟通。

❷ ▶ 将三折式楼梯设计在屋子中央，所有空间功能由此发散。

❸ ▶ 主卧床头墙区块刚好是客厅沙发区上方梁柱的位置，于是刻意外凸，争取空间。

提示

运用手法
1.2.3

　① ▶ 夹层上下切出互动书房　　② ▶ 楼梯摆在中央　　③ ▶ 床头墙区块外凸

1 4.2米挑高角落，切出上下两个书房

夹层整个透空化，营造小空间增大的视觉效果，扩大空间尺寸的视觉高度。此外，玻璃夹层的上下两区设计成书房，满足男、女主人拥有独立书房，彼此又能沟通对话的需求。

2 三折式玻璃梯居中，客厅方正了

楼梯关系到客厅的可用空间、家具摆设方向等，若是顺着室内的后半段抬高空间横着走，沙发与电视墙之间的距离会减少，最后决定将楼梯设在居室中心，采用折梯形式，从客厅先走6阶，到达升高1.2米的餐厅、主卧，再往上弯折，转进夹层区。

备忘录　铁板折梯营造轻盈感

考虑到空间小，要用增高效果来扩大空间感，楼梯部分可以采用透明设计来表现。为了营造折梯的轻盈感，在材质上选用铁板作为主架构，再利用激光切割方式，切出一阶阶的斜梯造型，两片激光切板之间利用角铁来连接，摆设一片玻璃踏板。为了保障踩踏时的安全，玻璃踏板最好采用双层胶合强化玻璃。

3 主卧向客厅借地，放大空间

原始配置的双大套房户型，存在一个独立的小空间，且卧寝区摆下一张双人床就几乎占满空间。于是将封闭独立的小房间改为开放式空间，加上主卧床头墙区块刻意外凸，向墙后的客厅借地，主卧便有了开阔深远的舒适景深。

■ 空间设计与图片提供／尤哒唯建筑师事务所 尤哒唯　TEL：02-2762-0125

2.1 空间增大术 积木堆叠

案例 10 借高低结构顺势推演出趣味开敞空间

| 面积 ■ 74 平方米 | 屋况 ■ 二手房 | 家庭成员 ■ 夫妻 | 建筑形式 ■ 挑高 | 户型 ■ 两室两厅 + 两卫 + 厨房→两室两厅 + 开放书房 + 两卫 + 厨房 |

错层结构一分为二，切断空间连续性！

这个房子的结构很特别，房子一半的楼高是 3.2 米，另外一半的地板下降，楼高变成了 4.2 米。遇到这样的空间，大部分人都会很自然地沿着空间的断层带切割，将挑高区变成上下两层楼的夹层，而原始户型的状况也是如此。但这样做的话，就失去了房子原本的特色，也让空间缺乏联结与互动。设计师利用房子本身的结构，在房子楼高 3.2 米的前半段区域中将厨房打通、外移，合并了餐厅，并与客厅保持良好的开放关系。在 4.2 米的错层结构中，设计师刻意不做满，仅留 2/3 夹层区域，剩下 1/3 保持挑空，下方则安排开放式书房，发挥房子后半部空间的降板优势，打造出具有高低变化的趣味开敞空间。

问题

❶ ▶ 厨房位于狭小的空间内，放不下冰箱且缺乏互动。

❷ ▶ 左半部分地板下降（楼高 4.2 米），将平面一分为二，且上方夹层做满。

❸ ▶ 两间卫生间都在一楼，二楼使用卫生间必须到一楼来，相当不便。

对策

❶ ▶ 拆除厨房隔断，鞋柜与厨具连成一体，兼作屏隔，塑造玄关。

❷ ▶ 缩小夹层面积，打造出楼高 4.2 米的开放书房。

❸ ▶ 夹层卧室利用玻璃墙做隔断，营造空间深度。

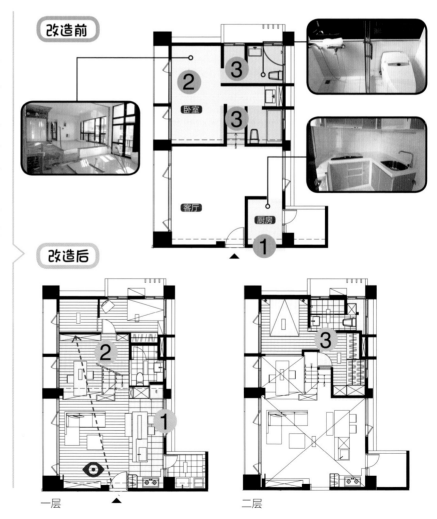

改造前

改造后

一层　　二层

运用手法
1.2.3　　①▸餐厨开放　　②▸降板挑空　　③▸落地玻璃卧室

1 移除隔断墙，餐厨开放合并

将厨房隔断墙移除，使厨房从小空间里解放出来，将厨房设备靠墙放置，并利用客卫局部内推，使冰箱恰可与电器柜居于一个平面。水槽移到中岛区并结合餐桌设计，餐厨便能合并使用。为了使地面落尘时好清理，改用地砖，借助地面材质变化作为与客厅分隔的界线，做开放式界定。

2 地板下降与书桌结合设计

一楼只保留一间客用浴室，以干湿分离淋浴间取代浴缸，把节省下来的空间设计成一间单人客房（也预备作为儿童房）与储藏室，剩下降板区皆为开放书房，将原来墙线内退，大大拓展进门的视野。书桌与客厅直接用高低差界定，利用台阶高度加上 L 形木料，便成了书桌，趣味十足。

3 落地玻璃卧室内外穿透

降板区下方房间不常用，楼板高度设为 190 厘米，上层就可以有 200 厘米的高度进行较舒适的活动，因为夹层不做满，书房多半空间为挑高。夹层配备更衣室、卫浴的主卧，睡床区虽只有 7.2 平方米，但落地玻璃窗通透明亮，加上楼梯与屏风均采用镂空的铁件打造，视线得以穿透，使景深达到最大。

■ 空间设计与图片提供 / 大雄设计 林政纬　TEL：02-8502-0155

2.2

家人相处

设计一个公共空间，凝聚家人情感。

借助户型加强家人之间的互动，设计时应该先了解家庭成员日常生活的行动模式与节假日的行动模式。在动线设计上尽可能让大家可以走进公共空间，增加彼此接触的机会，最好避免采用家人回家直接进入房间的隔断方式，例如玄关正对楼梯直接上二楼房间，或从玄关过道先到房间再到客厅等。

促进互动的户型，重点在于营造的公共空间令人感到放松与舒适，吸引家人走出自己的房间，例如将全家最重要的共享空间（视家庭不同，有的是客厅，有的是厨房或书房）放在空间采光、视野最佳的位置，便是一种设计方法；还可利用开放、上下楼层挑空等方法将空间联合在一起，即使家人在不同区域活动，彼此也不会疏离。只要妥善安排家人会面、谈论事情的公共区域，亲情自然就跑出来了！

方法 **1** LDK 围塑　把 LDK 集中于一区，培养家人情感

若使家人容易聚在一起，建议将 LDK（客厅、餐厅、厨房）设
计成一个大型房间，例如使用轻食吧、矮柜、半高墙、中岛等
代替墙来进行界定。相较于个别独立的规划，这种开放式设计
可让整体空间变得宽敞，也能很容易地看见家人在其他空间的
活动情形，对于有幼儿的家庭而言，也是一种让大人安心的空
间规划。甚至可以将厨房从狭小的空间释放出来，利用餐桌或
中岛增加工作台面，孩子们也可以加入料理行列，为父母分担
家务。

图片提供 _ 大雄设计

方法 **2** 诱导聚焦　将设备安排在共享区，促进家人互动

电脑身兼工作、娱乐功能，甚至还是写作业的帮手，孩子们往
往一用电脑就沉迷不可自拔，窝在房间不出来，令家长感到烦
恼。其实这些具有强烈吸引力的设备天生就具有吸引人的魔力，
只要放对位置，就能成为让家人聚集一处的工具！建议将卧室
单纯化，将这些吸引人的设施（电脑、游戏机、电视机）集中
在娱乐室或书房，让家人在同一个空间里使用，制造交流的机
会。此外，可利用多功能隔断（折叠门、玻璃墙、半高墙等），
保持较强的开放性，避免空间孤立。

图片提供 _ 馥阁设计

2.2 家人相处 LDK围塑

案例 1 用餐桌串起全家人的活动，生活犹如一场派对

| 面积 ■ 113.5 平方米 | 屋况 ■ 新房 | 家庭成员 ■ 夫妻 +1 子 | 建筑形式 ■ 单层 | 户型 ■ 毛坯房→两室两厅 + 一厨 + 两卫 + 客厅兼书房 |

从零开始做设计，如白纸般没有任何隔断的毛坯房！

这间房子住着不同国籍的夫妻二人和孩子，丈夫是美国人，妻子是中国人，两人都在国外居住过一段时间，日常生活习惯相当美式，节假日也喜爱邀请朋友一起度过。两人期待的家是可以一起读书、煮饭、聊天的地方，而非总是围着客厅看电视。买下这间毛坯房时，从讨论设计开始，两人就明确告知自己的需求，只需有一间卧室与儿童房，其余空间则尽可能地开放吧！为了增强空间的开放感，公共区域中心以长向的线条整合餐桌、厨房中岛及电视柜功能，并且运用不同层次及材质的板块堆叠概念，从地面至天花板，将餐厅、客厅串联起来，打造出全家人共同使用的宽敞区域。

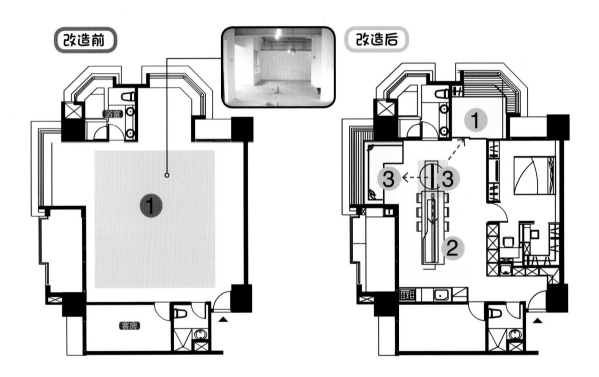

改造前　改造后

问题 ① ▶ 如白纸一般，没有隔断的毛坯房状态。

对策 ① ▶ 客厅架高地板，打造孩子的游戏基地。

② ▶ 设置中岛吧台，既是餐桌、工作桌，也可以当作书桌使用。

③ ▶ 中岛吧台旁的旋转电视架，可三向使用或上下调节高度，功能多样。

提示

运用手法
1.2.3

① ▸ 高低地板成游戏场   ② ▸ 一个台面三种用途   ③ ▸ 旋转电视

1 高低地板成为孩子的游戏基地

客厅利用架高地板和公共区相连，热爱户外活动的屋主希望通过高高低低的地板，让孩子可以爬上爬下锻炼肌肉，而等到将来孩子需要独立房间时，客厅可用推拉门分隔，平时不用时则可将门板隐藏在墙壁内。

2 一个中岛台面，餐桌、工作桌、书桌共享

男、女主人的身材较高，设定中岛台面高度 92 ~ 93 厘米，功能类似吧台，可搭配较高的吧台椅，也适合多人聚会时站着使用。屋主又希望平时餐桌可以代替工作桌或书桌，因此将面窗一侧的地板垫高 10 厘米，以便搭配舒适又可久坐的餐椅。

3 旋转电视架方便三向使用

窗边内凹空间放入屋主喜爱的旧沙发，结合窗台设计，恰好成为舒适的卧榻区。为了灵活运用空间，在中岛台面旁的电视架采用钢管设计，除了可随意地旋转屏幕，还可以螺栓卡榫调节高低位置，方便餐厅、卧榻、客厅三向使用。

备忘录 功能堆叠的趣味中岛区

开放式的中岛区是整体空间的主题，运用不同材质表现错落堆叠的效果，营造随兴、自然的感觉，除此之外，这些块体也结合了收纳及厨房功能。

❶最上层以传统手工打造一体成型的磨石子台面，中央结合了景观用的钢槽，以及清洗杯盘与水果用的小水槽。

❷中段为废料实木拼接，里头隐藏抽屉，可用来盛放常用的刀叉、筷子等餐具。

❸最下层右侧为橱柜，采用质朴的水泥板作为门板，可用来收纳较不常用的碗盘或锅具。

❹最下层左侧延伸凸出的矮柜，结合钢管电视架，作为视听设备柜，使用黑玻璃不影响遥控信号的接收。

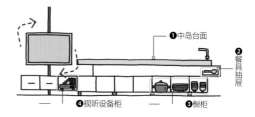

❶中岛台面
❷餐具抽屉
❹视听设备柜   ❸橱柜

■ 空间设计与图片提供 / 逸乔室内设计 蒋孝琪、萧明宗 TEL：02-2963-2595

2.2 家人相处 LDK围塑

案例 2 厨房、书房、阳台全改造，享受亲子共处时光

面积 ■ 124 平方米	屋况 ■ 老房	家庭成员 ■ 夫妻 +1 子	建筑形式 ■ 单层	户型 ■ 三室两厅一厨一和室→两室两厅 + 一厨 + 开放性书房

大量隔断墙，造成公共空间狭窄无比，家人互动不畅！

这对年轻夫妻接手老人换房留下的老房子，希望能为小女儿打造可培养兴趣的家。不过老房子的状况实在不好，大量隔断墙造成客厅狭窄，穿透感很弱，动线也不方便。此外，房子基本功能匮乏的问题更为严重，阳台晒衣不便，卫生间太小，原始空间堆满杂物，可以说没有多余空间用于亲子共读、共乐。由于家庭成员简单，并不需要太多房间，因此设计师将隔断拆除，借助高低不同的两道墙面，将公共区划分出客厅与阅读书房；将和室拆除，开创宽敞的厨房工作区，让孩子学着下厨；将阳台空间还原活化，使父母有更多空间陪孩子玩手作、种园艺，创造温馨幸福氛围的空间。

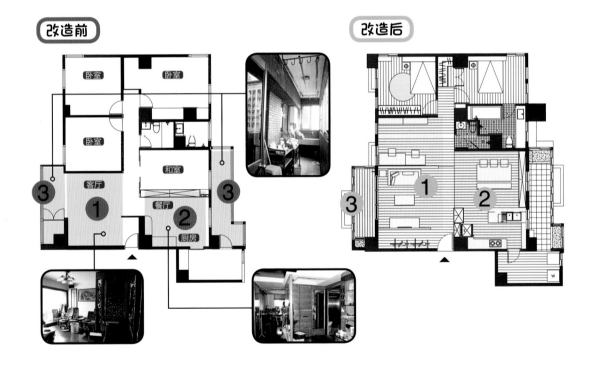

改造前

改造后

问题
❶ ▸ 大量的隔断墙，导致公共空间很窄。

❷ ▸ 餐厨空间太过狭小，过道行走不便。

❸ ▸ 阳台呈现半废置的状态。

对策
❶ ▸ 客厅与书房以一道波浪造型矮墙分隔，开放式书房是母女玩手作的快乐天地。

❷ ▸ 拆除和室，并入餐厨空间。将备料区面向餐桌，待在厨房也能与家人互动。

❸ ▸ 复原阳台空间，加装小桌板和洗手槽，成为养花弄草的休闲区。

提示
运用手法
1.2.3

 ① ▶ 开放式书房　　 ② ▶ 厨房面对面设计　　 ③ ▶ 还原阳台

1 书房开放，亲子手作更好玩

将一个房间并到客厅，以一道矮墙分隔书房，电视墙刻意不做到天花板，让狭窄的客厅看起来较大，而波浪造型更为空间增添不少南欧乡村风情。采用的开放式书房不只用来学习或读书，也是妈妈与女儿最爱的玩手作的舞台。

2 下厨不面壁，用餐添乐趣

和室拆除后，多了宽敞的用餐空间。橱柜沿窗设立，以中岛分为两区，一边给爸爸煮咖啡用，一边则是妈妈与女儿一起下厨的工作区，并将水槽设在中岛，餐前洗菜备料或餐后清洁洗碗都面对着内部空间，即使长时间待在厨房也能与家人保持互动。

 备忘录 选择面壁式厨房还是面对面式厨房

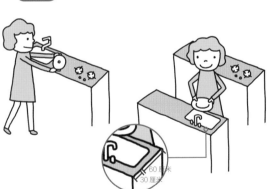

左 ▶ 灶具与水槽设在靠墙侧，优点是可以专注于料理，但也缺乏互动较无聊。

右 ▶ 水槽设在面向餐厅的中岛，优点是长时间待在厨房也可以看到家人的活动状况。不过，此种设计要注意水槽前端必须预留一段至少 30 厘米的台面（一般台面深度为 60 厘米，也就是说要有 90 厘米才行），以防溅水弄脏地面。

3 还原阳台，为生活加分

将阳台空间还原，前阳台铺上松木地板延续室内风格，并加装小桌板与陶盆改装的洗手槽，成为养花弄草的休闲区，增添生活情趣。

■ 空间设计与图片提供／馥阁设计 黄铃芳　TEL：02-2325-5019

2.2 家人相处 LDK围塑 | 案例 3 | 厨房减墙高，开启愉快料理时光

| 面积 ■104 平方米 | 屋况 ■ 老房 | 家庭成员 ■ 夫妻 +1 子 | 建筑形式 ■ 单层 | 户型 ■ 三室两厅 + 两卫→两室两厅 + 书房兼客房 |

> **餐桌、厨房分两地，妈妈煮饭没人帮，还要挥汗折返跑！**

夫妻俩与孩子同住在这个三室户型的房子里，从平面图来看是漂亮的三室两厅，但厨房旁多出来的房间太小，只好拿来堆积杂物。此外，封闭狭小的厨房没有多余空间摆餐桌，餐桌只能放在开放区块，动线穿过走廊，造成妈妈备餐、上菜时来回忙碌的状况。这家人认为客厅、餐厅、厨房应该是共同活动的空间，尤其是喜欢下厨的妈妈，希望待在厨房时，仍可以感受到其他空间的活动。于是，设计师将重要的餐厅放在采光好的位置，并通过减墙高方法使封闭厨房变为半开放式，视线可穿过餐厅，工作时也能看到客厅的活动，也方便家人一起帮忙备餐。

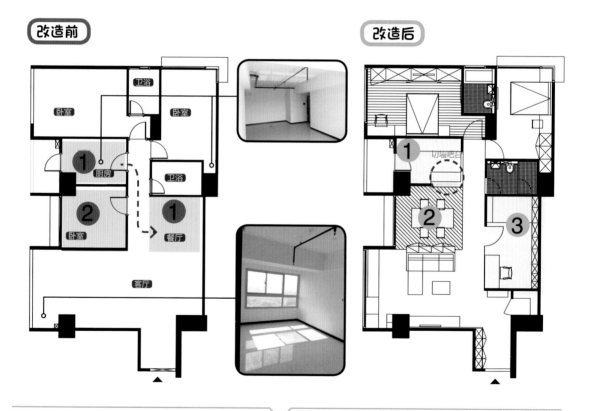

改造前　　　　　　改造后

问题 **❶** ▶ 厨房与餐厅距离远，端菜上桌还需穿过走廊。

❷ ▶ 厨房旁的房间太小，又是暗房，只好拿来做仓库。

对策 **❶** ▶ 厨房转角局部开口，将减高的墙变成吧台。

❷ ▶ 拆除暗房隔断，将餐厅移至此处，与厨房和客厅连成一体。

❸ ▶ 餐厅移位后，原来的位置用强化玻璃界定出书房空间。

运用手法 1.2.3 　①▶ 厨房切墙　　②▶ 开放餐厅　　③▶ 书、客房共用

1 厨房局部开口，切墙结合吧台

厨房转角的隔断墙做局部开口，并移除门框，将减高的墙变成吧台，使厨房与餐厅保持半开放关系，每当妈妈完成一道料理，就可先放在吧台上，再由孩子帮忙端上桌。

备忘录 关于减墙高

一般水泥墙拆除的方式有水刀切割和一般打石两种方式。水刀切割的平整度优于一般打石，所以常用在送菜口、开窗口或门洞的开口等钢筋混凝土或砖墙面上。不会因为电钻打凿震动的关系，导致墙面坍塌或伤及保留下来的墙面。水刀切割是以周长米数为计价单位，费用比打石贵，且意外伤到墙体内管线的概率较高，但制造噪声的时间较短暂。

2 餐厅向厨房靠拢，客餐厨连成一体

厨房旁边的房间是餐厅的最佳位置，将暗房两侧墙面拆除，利用矮柜与客厅分隔，取得舒适尺度，用餐时也能看电视。

3 加木作划分书房与客房

顺着过道的立面拉一道墙，界定出书房空间，屋主希望其偶尔能兼当客房使用，考虑采光与私密性，在书房区使用强化清玻璃隔断，借助视线穿透取得与客厅的一体感，卧榻区则使用木制隔断。

■ 空间设计与图片提供 / 直学设计 郑家皓　TEL: 02-2357-0298

2.2 家人相处 LDK围塑

案例 4 客、餐厅关系不良，从一个阶梯开始改变

| 面积 ■ 218 平方米 | 屋况 ■ 二手房 | 家庭成员 ■ 夫妻 +2 子 | 建筑形式 ■ 露天别墅 | 户型 ■ 五室两厅 + 四卫→五室两厅 + 开放厨房 + 四卫 |

长形房屋被楼梯间打断空间感，客厅与餐厅前后疏离！

这栋四层楼的露天别墅，屋主希望一楼为共享的开放式大空间，二楼以上才是家庭成员各自的卧室。不过，房子的形状为长条形，纵深较长，占据中央的楼梯不仅影响采光，凸出的梯阶与柱体将空间分为前后两部分，客厅、餐厅、厨房既各自独立，又维持良好互动是设计的重点。如果将客餐厨分开视为三个空间，单层面积不大的空间势必更加狭小与紊乱。设计师通过地面高低不同暗示餐厨与客厅的分隔，另外运用家具结合空间的方法，模糊空间的界线，使空间感达到最大化。

问题

❶ ▶ 因楼梯转折凸出两阶，将空间切成前后两块，且梯下空间畸零。

❷ ▶ 空间纵深很长，前后空间连接性不足。

对策

❶ ▶ 整个餐厅垫高 18 厘米，消除由梯阶造成的空间高低落差的不平整感。

❷ ▶ 厨房中岛吧台结合餐桌，打造可容纳多人聚会的据点。

❸ ▶ 将梁下的畸零空间设计为电视主墙，地板采用与主墙相同的材质，延伸至餐厅。

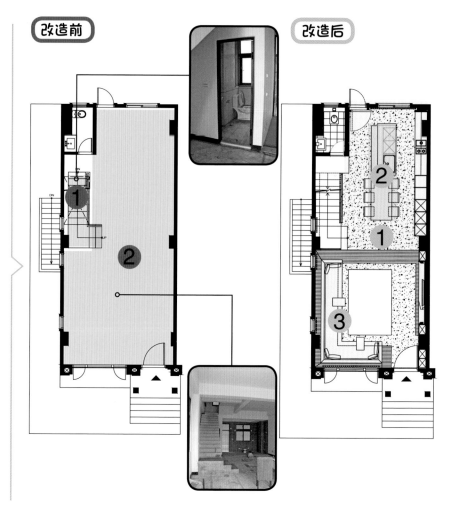

改造前

改造后

运用手法
1.2.3

① ▸ 运用玻璃墙　　② ▸ 中岛吧台＋餐桌　　③ ▸ 模糊边界

1 地板垫高加玻璃墙，消除楼梯的沉重感

将整个餐厅区域的地板垫高 18 厘米，使楼梯的第一阶消失，同时用玻璃取代楼梯间墙体，达到轻盈与透光的效果，消除了梯阶过于突出的障碍感。前后区域利用地板的高低差，自然划分出餐厅与客厅的界线。一楼与地下室楼梯间的安全性处理，以强化玻璃取代墙体，视线通透，加上一体成型的磐多魔地板，让畸零空间消失。

2 运用寿司台概念，打造多人聚会餐桌

取自日本料理餐厅概念，将厨房中岛结合吧台与餐桌，以整块上好实木打造的寿司台直接延伸成为餐桌，线性安排有助于将餐厅活动拉向客厅，增强两个空间的互动性。

3 家具结合空间模糊边界

将梁下畸零空间化为电视主墙，以镀钛金属为底，运用不对称立体斜角柜将柱子隐藏起来，不中断立面的连续性。电视墙的木料也被直接运用在地板上，连续的底座成为客厅、餐厅交界的踏阶，以及边几与沙发底座，家具与室内结合，模糊空间的界线。

■ 空间设计与图片提供／珥本室内设计 陈建佑　TEL：04-2462-9882

2.2 家人相处 促进聚集

案例 5

客厅借用书房概念，每个角落都是阅读区

| 面积 ■ 109 平方米 | 屋况 ■ 二手房 | 家庭成员 ■ 夫妻+1子 | 建筑形式 ■ 单层 | 户型 ■ 三室两厅 + 两卫→两室两厅 + 两卫 + 开放书房 |

书房密闭又狭小，无法营造良好的亲子共读环境！

从事杂志编辑工作的女主人，希望空间体现男女平等的理念，厨房不再是妈妈独自作业的密闭室，而是全家人乐于一起参与的兴趣空间。此外，重视阅读的夫妻俩，希望房子里还要有互动关系良好的书房，无论走到哪儿都能够阅读。

这间老公寓的户型主要缺点在于书房密闭、厨房过小、阳台窄长，设计师以小幅度变动，运用退让、打开、穿透隔断的手法，调整出满足各种需求的生活空间，并且颠覆传统客厅就是沙发围着电视墙的做法，以附滚轮沙发灵活调整客厅方向，可自成一区、延伸书房、结合餐厅，满足平时在家、朋友来访、视听娱乐、安静阅读等多方面的需求。

问题

❶ ▶ 书房狭小密闭，与其他空间缺少互动连接。

对策

❶ ▶ 书房采用类似和室的做法，并使用铁件玻璃门隔断，灵活开启与关闭，让书房与客厅有空间共用，增加放大感。

❷ ▶ 客厅和书房采用同一种铁件吊挂系统，书籍分区摆放，客厅也可以是书房的延伸。

改造前

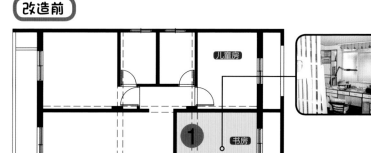

改造后

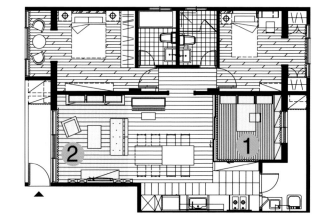

① ▶ 通透隔断　　　② ▶ 书房延伸

1 书房采用通透隔断，收放自如

书房使用类似和室的处理方法，2 米 ×2 米的架高面积，界定出鲜明的区域。隔断使用三件式铁件玻璃滑门，平常可把空间释放出来，变成客厅的一部分。书房内加装木百叶，必要时也能放下来，让女主人有安静工作的空间。

2 打散书房功能，延伸至客厅

客厅既是全家看电视、听音乐的空间，也是书房延伸的一部分。设计师将同一种铁件吊挂系统应用在书房与沙发背景墙上，随兴阅读的书籍可以放在客厅，工作用的书籍则可以放在书房，功能与视觉互为延伸，将书也变成装饰的一部分。

备忘录 **家具装滚轮可自由挪移**

客厅、餐厅、书房连通为一个轴带，原因是设计师将所有功能与收纳，利用壁柜、层板或橱柜等，安排在左右两侧的墙面。沙发与茶几的底座都加装了滚轮，当在家里举办聚会的时候，可以将其轻松挪开，宽阔的中央区域就出现了。

■ 空间设计与图片提供 / 直学设计 郑家皓　TEL：02-2357-0298

2.2 家人相处 促进聚集 案例6 书房并入大客厅，促使家人齐聚一堂

| 面积 ■ 76 平方米 | 屋况 ■ 老公寓 | 家庭成员 ■ 夫妻 +1 子 | 建筑形式 ■ 单层 | 户型 三室一厅 + 一厨 + 一卫→ 两室两厅 + 开放书房 + 一卫 |

吃饭看电视、回房玩电脑，问题户型让家人好疏离！

这个房子位于一栋老大厦内，因为厨房与浴室形状挤压，使公共区宽度不足，客厅与餐厅的配置受限于玄关动线。又因房间占去了采光优势，相形之下，客厅显得阴暗拥挤，重视公共空间的屋主为此感到困扰。于是，设计师将厨房与浴室做调整，使墙面后退，拓展公共区深度。将面积不小却始终荒废的后阳台加以利用，作为独立厨房。最后，在前阳台铺上碳化木打造舒适休憩区，并以架高地板作为完全开放式书房，使周边区域能与整个书房空间保持高度互动。

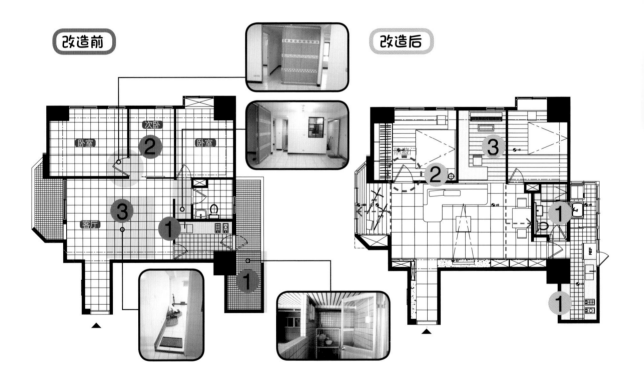

改造前

改造后

问题

❶ ▶ 长条形厨房挤压客厅宽度，为了切齐厨房形状，造成了不必要的空间浪费。后阳台多一个储藏间，但闲置不做利用。

❷ ▶ 房间开口设计不良，必须经过次卧才能进入主卧。

❸ ▶ 受限于玄关动线，没有摆放餐桌的空间。

对策

❶ ▶ 调整厨房与浴室的位置，让墙内退，增加餐厅空间。

❷ ▶ 主卧室门改变位置，修正动线，让客厅沙发有完整背景墙。

❸ ▶ 次卧打开成为开放书房，只用地板分界，与客厅维持良好互动。

提示
运用手法
1.2.3

① ▶ 阳台活用　　② ▶ 动线转向　　③ ▶ 高低差界定

1 **厨浴重新配置，拓展客厅宽度**

将厨房挪到后阳台的储藏间，改变浴室形状与出入口位置，使公共区的宽度得以加大，增加放餐桌的空间，并充分运用墙面凹进去的畸零空间，将电视墙、餐柜做一体规划，完成开放式客餐厅。调整后，厨房与浴室的空间都得以加大，功能也更完善。

2 **主卧室门移位，用前阳台二次拓展客厅**

将主卧室门移位，解决主、次卧动线互相干扰的问题，并让沙发背后有完整的靠墙。此外，将前阳台铝门窗移除，打造出开放休憩区，二次拓展客厅宽度。主卧室门与天花板做一体造型设计，运用大块面积整合，减少视觉切割的凌乱感。

3 **全开放书房，前后互动性强**

将次卧隔断全部拆除，空间打开后设计为书房，书桌、钢琴与电脑设备集中于此，形成全家共享的兴趣区，并且只以架高地板略做区隔，孩子在这里练琴、学习时，在客厅活动的父母只要转个身就能看到孩子。

■ 空间设计与图片提供 / 成舍设计（南西分公司）　TEL: 02-2555-5918

2.2 家人相处 促进聚集 案例 7 房间配置于角落，打造吸引人的中央小广场

| 面积 ■ 155 平方米 | 屋况 ■ 二手房 | 家庭成员 ■ 夫妻 +2 子 | 建筑形式 ■ 单层 | 户型 ■ 四室两厅 + 两卫 + 独立厨房→三室两厅 + 开放书房 + 中岛厨房 + 两卫 + 储藏室 |

房间分配过多，压缩餐厨空间，剥夺愉快的晚餐时光！

平日工作繁忙的屋主夫妇与两位学龄儿童同住，夫妻二人因为经常将工作带回家处理，需要有独立的工作区。原始户型房间分散在四个角落，使公共区域形状窄长、采光不足，而餐厅受到玄关挤压，成为畸零空间，位置也与厨房、卧室动线冲突。以三室的需求进行调整后，将三个房间设定在平面外围，以留出完整的公共区，并将多余房间打开成为客厅的延伸，恢复了空间的开阔尺寸，也改善了采光的问题。挡在平面中央的客卫利用两扇门，成为工作区到厨房的快捷方式，形成客厅、餐厅、厨房、书房紧密的动线关系，促进家人之间的共处互动。

改造前 **改造后**

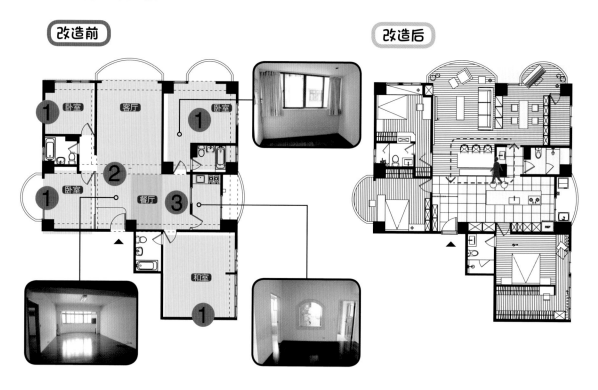

问题

❶ ▶ 房间分散在四个角落，并各自独立，缺乏可互动的共享书房。

❷ ▶ 公共区域被房间压缩，形状窄长，造成采光不足。

❸ ▶ 厨房台面过短，餐厅空间受制于玄关，并与房间动线打结。

对策

❶ ▶ 将多余房间释放出来，增加开放工作区与储藏室，改善客厅的采光与空间感。

❷ ▶ 厨房空间打开，电器柜兼作隔断，隐藏主卧室门，塑造出完整的开放餐厨空间。

❸ ▶ 卫生间占据中央，将其洗手台独立出来，设计两扇门，打造空间连通的快捷方式。

1 半高柜取代墙体，让工作室与客厅紧密相连

首先把多余的房间打开，以半高柜界定出夫妻共享的工作区，并以铁件、木料打造可展示纪念品的书柜，后方则是可收纳吸尘器或旅行箱的大型储藏室。虽然儿童房各自有书桌，但孩子年纪小时，可在屋外的餐桌上一起学习，互相陪伴。

2 大台面中岛厨房，亲子共享

将厨房从狭小的空间释放出来，利用吊隐式空调的管道间，将灶台稍加移动，使之与洗涤槽并列在中岛区上。利用柱间安设收纳量充裕的连续橱柜，并与主卧室门整合成一体，使整个餐厨空间变得宽敞。最棒的是工作台面变大了，孩子们可以加入料理行列，为父母分担家务。

3 横亘的浴室，用两扇门打造快捷方式

原来的主卧浴室变成客卫，为了让浴室更方便左右空间共享，将面盆外移，与突兀的大柱子结合，达到修饰效果，在两侧设计横拉门。如此一来也让空间动线呈良好的回字形，以便工作之余到厨房泡杯咖啡，休息一下。

■ 空间设计与图片提供 / 成舍设计（南西分公司）　TEL：02-2555-5918

2.3

生活动线

家要舒适便利，就要从动线规划开始。

若是觉得走起来辛苦或麻烦，是因为行进时处于"明显在走路"的心理状态，所以特别容易感觉到走廊是无谓浪费的空间。要避免这种状况，动线设计就不能超过一个房间的长度，否则容易产生压迫感。倘若遇到不可避免的较长动线，可利用尽头端景、材料变化，消除单调的心理状态，冲淡过道的封闭感，或者运用局部后退，使长长的走廊多了灵活的空间，可以让人流畅地错身与回转。

动线大约可区分为 L、O、T、U 形等，整体而言，以 O 形（又称环状动线）为最佳。环状动线的优点是不会限制单一空间的关系，从一个空间到另一个空间可以有两个方向，所以不用回到起点，就可以移动到下一个空间，自由度较高。另外由于没有尽头，小朋友可以来回奔跑，让家成为游乐场。而环状动线还具有增加角落使用率的优点，不会产生死角。

动线类别与特性

O形 （环状动线）	不会限制单一空间的关系，从一个空间到另一个空间可以有很多不同的动线选择，自由度高
L形	如果动线所在的空间都是密闭式的话，容易造成过道过长或过道光线不足等问题
T形	较容易出现在老房或长形房屋，房间配置在动线左右两侧，从公共空间到房间的动线不会过长
U形	从一端到另一端的动线最长，必须穿越很多空间才能到达，比较适合用在中、小面积的空间里

回游串联 回游动线上的迷人生活风景

回游动线通常存在于开放空间，设计时要注意将房间出入口配置在动线四个角落，尽量不要切断回字的面，倘若穿越的只是零碎的空间，那"游"的意义就不大了，迫不得已的状况下，可用隐藏门板来解决。"回游"动线的重点在于绕行的过程要有景的安排，或者设置可以让人停下脚步看看书的书架、画作等。

图片提供_ 将作空间设计、张成一建筑师事务所

方法 2　**家务轻松** 作业流程连贯，提升做家务的效率

不管是职业妇女还是全职妈妈，都需要有个可以轻松高效完成家务的动线规划。在设计动线时，以移动轻松、不弯曲、尽量不交叉最为理想。将家务相关的区域集中在一起，减少移动，做家务时就能提升效率。尤其是厨房与工作阳台这两个空间的设备，必须按照使用先后顺序安排，用起来才不会一片混乱，而较好的安排是家务动线就位于回游动线上，移动效率较高。

图片提供_ 直学设计

方法 3　**双门快捷方式** 两扇门，两个动线方向出入更自由

空间设计两道门的用意有三种：一是尺寸较大的房间可以设计两扇门，让动线从两个方向都能进入，增加空间的可及性；二是希望空间可被共享，例如两个房间共享一间书房或卫浴；三是遇到 U 形动线的平面，可在横亘空间设计两道门，打造出空间快捷方式。使用双门快捷方式的设计前提是尽量不设在隐私空间（用在浴室则要设两道可上锁的门）。此外，双门快捷方式只适合当成辅助动线，若作为主动线，容易造成空间彼此干扰。

图片提供_ 匡泽空间设计

2.3 生活动线 回游串联

案例 1 用 U 形轴柔化棱角，设计出双动线酒店套房

| 面积 ■ 78.5 平方米 | 屋况 ■ 二手房 | 家庭成员 ■ 夫妻 | 建筑形式 ■ 单层 | 户型 ■ 三室两厅＋一厨＋两卫→一大房（含书房）两厅＋一厨＋两卫 |

房型差、切割碎，棱角超级多，动线无法顺畅衔接！

年轻屋主夫妇喜欢住酒店度假的感觉，提出以行政套房为概念的设计诉求，希望拥有宽敞的主卧，并预备一间次卧，作为将来的儿童房。不过，原户型的问题相当严重，主因来自于大楼设计之初，房子的形状不工整，边缘棱角很多，再加上空间被切割零碎，导致未能营造出开阔的空间感，动线也无法顺畅衔接。

为了解决上述问题，设计师将功能集中于"中央服务盒（Service Core）"，打造空间通透一体的 U 形平面，并借助木制墙与定制沙发化解空间锐角，顺畅带动轴线转弯。

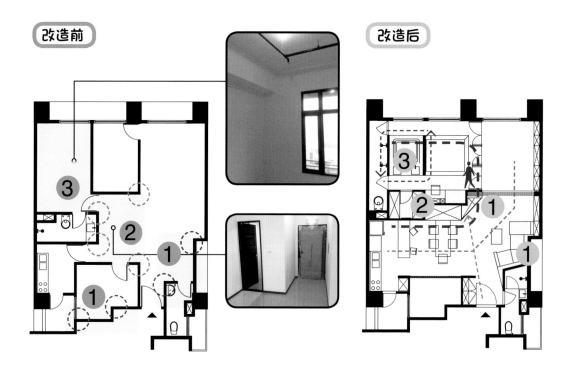

改造前　改造后

 问题
❶ ▶ 屋子的形状不佳，有许多棱棱角角（红色部分）。

❷ ▶ 隔断使空间产生破碎感，且制造出了更多棱角，造成心理压迫（蓝色部分）。

❸ ▶ 主卧太小，规划方式不符合屋主期待。

 对策
❶ ▶ 电视柜、沙发、沙发背景墙引导轴线转弯，化解空间锐角。

❷ ▶ 功能集中在"服务盒"，形成 U 形平面。

❸ ▶ 主卧采取行政套房双动线的设计原则。

1　斜向设计，暗示轴线转弯

定制沙发的扶手是玄关进门的动线引导，将视线焦点（蓝色虚线）放于居室的中心——壁炉，即使用冲孔板加上 LED 灯设计的电视柜。此外，电视柜采用斜向设计，搭配沙发背后的实木造型墙软化突兀的锐角，成功将空间轴线（绿色虚线）转向，让动线可以顺畅连接。

2　用"服务盒"打造 U 形开放空间

将主卧更衣室、储藏室、化妆台、婴儿换尿布台与客厅电视柜等所有功能集中，在空间中央打造一个"服务盒"，使平面成为 U 形，依照开放、私密、最私密的动线顺序安排空间，将主卧放在最里面的位置。而介于客厅与卧室之间的书房，两侧都用门灵活隔开，平时可作为卧室的延伸，当有访客时也可以并入公共空间，延展客厅范围。

3　主浴室双动线，使用不干扰

主卧有如酒店行政套房般的双动线设计，满足屋主夫妇的期望。将浴缸放在睡眠区后方，利用床头背景墙作为屏障，而最内侧则是最私密的淋浴间与卫生间。此外，白色磨石子浴缸一体成型，结合双人梳妆台，特别使用悬吊式镜子，以免影响采光。

■ 空间设计与图片提供 / 无有设计 刘冠宏　TEL: 02-2756-6156

2.3 生活动线 回游串联

案例 2 运用三大动线，设计动静皆宜的游憩空间

| 面积 ■ 244 平方米 | 屋况 ■ 新房 | 家庭成员 ■ 夫妻 +2 子 | 建筑形式 ■ 单层 | 户型 ■ 三室两厅 + 三卫→三室两厅 + 三卫 + 休憩走廊 |

功能划分明确的无趣户型，如何变得好玩？

颠覆房间各司其职的做法，这个案例将房间局部打开，打造出可在家里散步的户型。首先，这是一座面对湖岸的住宅，拥有不错的前后采光面，面对湖景还有两个前阳台，环境先天条件良好。原本户型设定为三个房间，数量虽够，但因为屋主夫妇育有两个活泼好动的小男孩，两个孩子的年纪小，需要的是游戏空间，房间反而不需要太早定位。于是，设计师调整房间配置，沿着窗边设计循环动线，让房间在白天时可以开启成为一条过道，将弹琴、阅读、游戏等空间放在这个带状空间上，充分利用环境优势，打造出大人与小孩皆可享用的游憩空间。

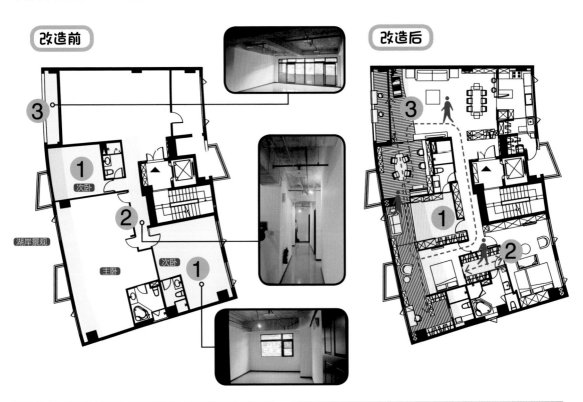

改造前   改造后   湖岸景观

 问题
① ▶ 希望将两间次卧打造为游戏空间。
② ▶ 走廊缺乏有效运用。
③ ▶ 窗外有湖景，却无法联动与共享。

 对策
① ▶ 将尚不需被定义的儿童房安排在窗边，并设计环状动线，打造孩子的游乐场。
② ▶ 更衣室采用双开口设计，方便妈妈晚上就近照料幼小的孩子。
③ ▶ 运用架高方法，将室内平台延伸至室外。

运用手法 1.2.3   ① ▶ 环状动线　　② ▶ 双开口动线　　③ ▶ 休憩走廊

1 用循环动线打造孩子的游乐场

为了让房间在白天可以变成游憩空间，设计师将不需要太早定位的两间儿童房调整至窗边，使用隐藏拉门做灵活界定。年纪小的弟弟尚需要和父母一起睡，所以在其房间内植入了很多关于游戏用具的巧思，不仅有秋千，还在立面加入镂空造型，可让孩子们攀爬。白天将门板全部打开，形成一个循环动线，让孩子在家就能乐翻天。

备忘录 走廊变身储藏室和阅读区

走廊如果只能用于行走，往往过道空间让人感觉很浪费，但设计师将次卧局部后退，加入隐藏收纳柜设计，让走廊空间拥有庞大的收纳功能，取代了储藏室。除此之外，窗边带状空间两侧也有书柜设计，屋主的藏书丰富了空间，沿线放置沙发与座椅，当沿着动线寻找读本时可就近坐下来（或席地而坐）阅读。

2 方便妈妈照料孩子的双开口动线

由于年纪较大的男孩已经可以独自睡觉，所以房间放入了整套家具。此外，主卧更衣室还设计了双开口，方便妈妈晚上就近照料孩子，等孩子长大有隐私时，再用边柜挡起来即可。

3 集休憩、阅读功能于一身的带状散步道

在房子的外立面不得变动的情况下，阳台地板用松木铺装，让室内架高地板有向外延伸的一体感，使阳台有限的宽度不会显得狭窄，并在女儿墙上加入了桌面，将不好利用的阳台变成赏湖景的停驻点，让客厅休憩区、书房等共享空间串联成一条湖岸散步道。

■ 空间设计与图片提供 / 将作空间设计与张成一建筑师事务所 张成一　TEL: 02-2511-6976

2.3 生活动线 回游串联

案例 3 浴室过道化，40 平方米套房也能拥有双动线

| 面积 ■ 40 平方米 | 屋况 ■ 二手房 | 家庭成员 ■ 夫妻 | 建筑形式 ■ 单层 | 户型 ■ 一室一厅 + 一卫→一室一厅（兼书房）+ 一卫 |

> **浴室居中央，厨房被"发配边疆"，40 平方米套房注定又小又挤吗？**

正对林荫大道的 40 平方米小套房，拥有不错的都市风景，屋主是一对年轻夫妇，提出的居住要求是在有限空间内做到"麻雀虽小，五脏俱全"，满足一般住宅该有的卧室、客厅、厨房、书房等功能。原始户型最大的问题在于，浴室位于空间中央位置，但受制于管道间，位置无法大幅变动，导致浴室采光通风差，也造成厨房挤在闭塞阴暗的角落而无法发挥正常的功能。在空间面积的限制下，设计师改变浴室既有形态，用不锈钢衣柜、透明淋浴间、隐藏马桶区等方法将浴室过道化，完成具有回游乐趣的双动线，同时把绿意引入每一个角落。

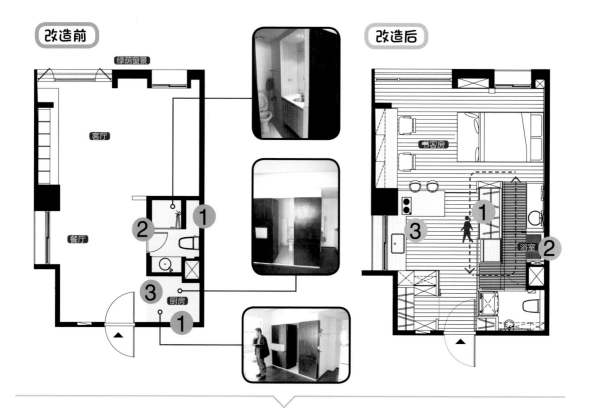

改造前　　改造后

问题

1 ▶ 因浴室挡在空间中央，整个空间只有单向动线。

2 ▶ 浴室无法实现对外采光通风，相当阴暗。

3 ▶ 厨房的位置不好，无法享受窗外林荫风景。

对策

1 ▶ 衣橱兼冰箱柜取代墙面，设在空间中央，拉出便利的双动线。

2 ▶ 打开浴室，将淋浴间化为过道。

3 ▶ 厨房移至靠墙位置，利用高低差暗示空间分隔。

运用手法 1.2.3

① ▶ 双动线　　② ▶ 空间隐形　　③ ▶ 高低差运用

1 具有美感的储物柜取代墙面

将冰箱柜和衣橱整合取代墙面，并因位居空间中央，成为双动线的轴心。衣柜则用特别设计的滑门将冷硬的感觉化为优美的墙面。由于直接用衣橱分隔洗手台与淋浴间，考虑水汽问题，衣橱背面塞入玻璃棉隔热，并使用镜面不锈钢当作穿衣镜，可避免长久使用水银剥落斑驳。

2 可伸缩隐藏的淋浴空间

将一天仅使用一次的淋浴间与不需要私密性的洗手台（兼梳妆台）从浴室内移出，淋浴间使用全透明的强化玻璃打造，利用左右拉门或推门围塑出干湿分离区，而当门板收起时，淋浴间就开放成为过道的一部分。过道尽头的马桶区也可借助反射玻璃拉门分隔，达到隐形的效果。

备忘录 桧木条地板化解浴室冲突感

将浴室打开成为空间的一部分，乍听之下颇有冲突感，但设计师在地面铺设上不使用传统的瓷砖，而改用天然防水的桧木条，兼具泄水与美观的功能，让开放的浴室不会显得突兀。

3 高低差暗示空间层次

厨房移位后，利用半岛便餐台分隔前后空间，并通过地板架高来暗示空间层次，维系视觉上的通透开放。由于书桌的桌面很深，利用桌下空间设计书柜，也能减少视觉上的压迫感。此外，通过书桌与床尾沙发的摆放方式，体现出围聚精神，完成具有完美细节的客厅设计。

■ 空间设计与图片提供 / 将作空间设计与张成一建筑师事务所 张成一　TEL: 02-2511-6976

2.3 生活动线 回游串联

案例 4 墙线退让 3 米，形成以餐桌为中心的环状过道

| 面积 ■ 97 平方米 | 屋况 ■ 老房 | 家庭成员 ■ 妈妈 +2 子 | 建筑形式 ■ 单层 | 户型 ■ 三室两厅 + 两卫→三室两厅 + 两卫 |

卧室占据较大面积，反而没有用餐的地方，只能将客厅兼作餐厅！

20 年以上房龄的老公寓，原户型为了保留较大卧室面积，使得公共区域较小，甚至没有用餐的地方，只能把客厅兼作餐厅使用，加上厨房一道类似屏风的墙，造成转折不便的动线，也浪费了过道空间。于是设计师将多余的墙面剔除，房间的界线从两侧退开，一个宽敞的长方形空间就出现了。此外，设计师将墙面退缩留下的柱子隐藏在柜子里，成为餐桌倚靠的端墙，墙后设有单人过道，无论从哪个房间到客厅或厨房，都能发现这是以餐桌为中心的住宅。

问题

❶ ▶ 客餐厅面积狭小，放不下餐桌。

❷ ▶ 厨房外的一道屏风墙，造成动线转折。

改造前

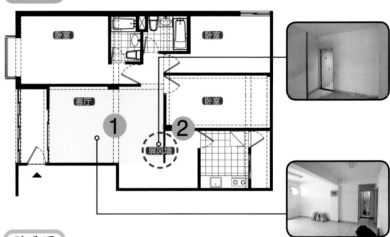

对策

❶ ▶ 局部拆除隔断墙，释放出空间给餐桌，并以它为中心形成一条环状动线。

❷ ▶ 拆除厨房的隔断墙，让上菜的动线不再迂回曲折。

改造后

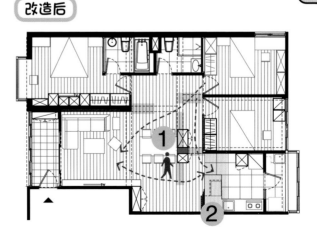

运用手法 1.2.3　① ▸ 释放畸零走道　② ▸ 吧台取代实墙

1　释放畸零过道，创造环状动线

将三个房间的隔断墙局部敲除（改造后平面图中蓝色部分），将主卧浴室向内加大，使两间浴室的墙面可以拉平，将原本狭小的过道拓宽至 3 米，形成完整的餐厅空间。隔断内退后，餐桌位置出现柱子，便以端景柜方式将其隐藏起来，并保留墙后过道，形成一条环状动线，让餐桌成为住宅的中心。

备忘录　延展墙面加大客厅

沙发正对的主墙面过短，作为电视墙显得有些短，于是在墙面落差处定制一个收纳柜，使电视墙的文化石铺面可以延续，利用假墙延伸客厅的空间感。除此之外，阳台兼玄关的墙面刷漆，与沙发背景墙同色调，具有将室外拉进室内的延伸效果。设计师利用墙面色彩与材料延伸，使客厅向内、外展开。

2　开放式轻食吧代替隔断墙

将厨房隔断墙拆除，让上菜的动线顺畅起来。增加一段开放式台面取代隔断，平时作为享用轻食的吧台。为了避免烹饪时油烟飘散，加装透光度良好的玻璃式拉门，并做一段假墙遮挡工作台面上的瓶瓶罐罐。

■ 空间设计与图片提供 / 成舍设计（南西分公司）　TEL：02-2555-5918

2.3 生活动线 家务轻松

案例 5 从烹煮到上菜，在一字形动线内快速完成

| 面积 ■ 109 平方米 | 屋况 ■ 二手房 | 家庭成员 ■ 夫妻 +1 子 | 建筑形式 ■ 单层 | 户型 ■ 三室两厅 + 两卫→三室两厅 + 两卫 + 亲子厨房 |

工作阳台和厨房窄小，只容得下妈妈孤单做家务！

老公寓中常见前后阳台的房型，然而此户型的阳台太过窄长，洗衣机与水槽只能放在两端，洗衣、晾衣时得来回拿取，平时需要拨开重重的衣服才能前进。此外，厨房太封闭，餐厅位置尴尬，若将餐桌放在Ⓐ处，进出阳台、厨房与书房的动线就会被干扰；若是放在Ⓑ处，上菜距离则又太远。为此，设计师考虑到阳台与厨房是家中重要的工作区，所以留出两人可以共同使用的宽度，先制造舒服的工作区，用起来方便，家人也乐意伸出援手，为妈妈分担家务。另外，通过阳台内退，连带地将厨房往空间内部移动，使其更靠近餐厅，让料理和上菜都可以在一字形动线内高效地完成。

问题

❶ ▸ 工作阳台窄长，洗衣、晾衣来来回回，不便利。

❷ ▸ 厨房封闭狭小，无法享受亲子下厨的乐趣。

❸ ▸ 餐桌位置尴尬，放在Ⓐ处会影响出入厨房，放在Ⓑ处则上菜太远。

对策

❶ ▸ 将 1/3 阳台长度沿着书房隔断墙内退，创造 2 米长的工作阳台。

❷ ▸ 厨房随阳台内退，依拿取、洗涤到烹煮的工作动线，安排一字形厨房。

❸ ▸ 灶台后方增加半高柜，成为出餐台；大型餐桌临近厨房，也可作为备餐台使用。

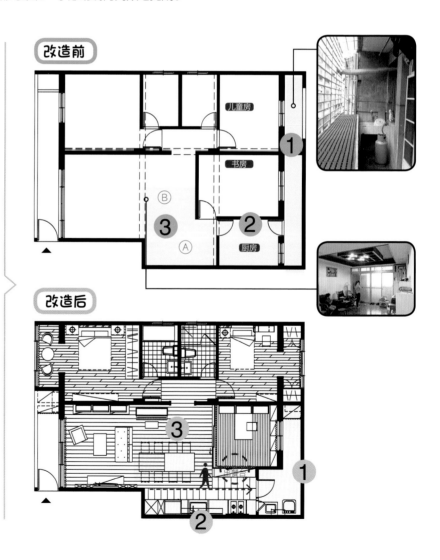

改造前

改造后

提示

运用手法
1.2.3

 ▸ **阳台内退**　　 ▸ **厨房内移**　　 ▸ **餐桌变备餐台**

1 阳台内退释放出工作区

阳台保留一半的长度，作为晾衣空间就已足够，将后半部空间变身为儿童房的更衣室，缩短动线长度。沿着书房隔断墙，将阳台外墙内缩 115 厘米，退让出一个长、宽约 2 米的工作区域，放下洗衣机与水槽后还有 140 厘米左右见方的舒适的回身空间。

备忘录 工作阳台的基本考虑内容

工作阳台必须能容纳洗衣机、洗涤水槽、热水器等，此外还要保留晾衣空间，至少需要 1.5 米 ×1.8 米左右的面积，才能满足基本需求（若有烘衣需求，可选择适合堆叠安装的机型）。完善的工作阳台甚至有折（熨）衣台，并有衣架、熨斗的工具收纳柜。

2 破除封闭感，厨房形成一字形开放空间

阳台内退后，厨房空间就往房子中心移动，采取一字形厨具加上开放空间，大约 5 米长的橱柜依照拿取蔬果、洗涤到烹煮的工作动线，配置冰箱、水槽与灶台。灶台位于通风良好的靠窗位置，冰箱则放在方便拿取物品的客餐厅区。

3 餐桌变备餐台，享受亲子料理乐趣

厨房与餐厅位于同一动线的左右两侧。餐桌与冰箱位置相近，买回来的食物可放在餐桌上整理后再放进冰箱。而餐桌也能当作备餐台，全家人可以偶尔一起包水饺或做面包，享受亲子下厨的乐趣。灶台后方增加一个半高柜，除了增加收纳空间，也可以当作餐台。

■ 空间设计与图片提供 / 直学设计 郑家皓　TEL：02-2357-0298

2.3 生活动线 家务轻松

案例 6 开辟两条自然快捷动线，连狗狗都能开心奔跑

| 面积 ■ 148.5 平方米 | 屋况 ■ 二手房 | 家庭成员 ■ 夫妻 +2 子 | 建筑形式 ■ 单层 | 户型 ■ 五室一厨一厅→三室两厅 + 开放餐厨 + 客房 |

客厅是客厅，房间是房间，封闭的动线让人待在家里好无聊！

为了极限运用空间而牺牲前后阳台，造成典型的鸽子笼房，不仅公共空间被大大小小的房间占满，厨房、客房与女孩房所形成的不良环状动线，造成房间互相干扰的窘境。重塑户型时，屋主希望还原被剥夺的共享空间，因此设计师通过开放方法，让厨房与客房向客厅开启更大角度，使生活场景得以回转、放大或者缩小。从客厅到主卧、男孩房的动线甚至穿出阳台，当四扇门全部开启时，形成两条直达户外的快捷动线。在这愉悦的环状动线中，家中的爱犬可自由穿梭，享受奔跑的乐趣。

问题

❶ ▶ 不当动线，空间互相干扰。

❷ ▶ 三个房间各自独立，空间联动性不强。

❸ ▶ 阳台外推全改为房间，客厅无法与户外交流。

对策

❶ ▶ 拆除厨房和客房的隔断，与公共空间的动线变得畅通起来。

❷ ▶ 更衣室与书房结合，书桌间的过道动线串联起客厅与阳台。

❸ ▶ 利用双开门手法，当内、外门关起时，过道也成为房间的一部分。

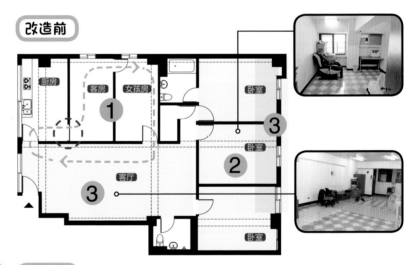

改造前

改造后

① ▶ 开放空间　　② ▶ 双动线　　③ ▶ 空间重叠

1　打开厨房与客房，串联公共空间

将厨房打开延伸空间感，而料理台延伸成为早餐台，当妈妈做料理的时候，孩子也能在一旁帮忙。考虑到老人偶尔来访须要过夜，仍旧保留客房，不过特别打造的无框对开门，平时可用地铰链固定，保持全开启状态，使客厅场景可大可小。

2　将更衣室变成阳台通道

主卧更衣室的动线直接贯穿到阳台，更衣室与书房结合，过道左右两侧分别配置了两张书桌，屋主夫妇可以背对背地看书，不会打扰到彼此，并享受各自对外窗的小风景。此外，主卧浴室增大并采取双向动线，既可营造套房般的效果，也可留给其他空间使用。

3　重叠手法打造隐藏走廊

阳台还原后，男孩房空间相对被严重压缩。利用双开门方法，将走廊与男孩房空间重叠，当内、外门关起时，走道便成为房间的

一部分。将阳台门用地铰链固定，客厅便能直通阳台，与外界连接。而设计师又在女儿墙上加装了折叠桌，阳台便成为狗儿嬉戏、家人喝茶看书的休憩角落。

备忘录 材料延伸模糊分界

男孩房之所以可以和阳台结合，是因为设计师巧妙地运用了材质，在室内的书桌区、隔断墙特别用了玻璃木窗，使视线可以穿透进来。另外，将室内地砖直接延伸到阳台，没有间断的铺面材料可以模糊内外的分界。

■ 空间设计与图片提供 / 匡泽空间设计 黄睦杰　TEL：02-2751-8477

2.3 生活动线 家务轻松

案例 7 主、副动线分离，亲密时光不受打扰

| 面积 ■ 304 平方米 | 屋况 ■ 二手房 | 家庭成员 ■ 夫妻 + 2 子 + 长辈 | 建筑形式 ■ 单层 | 户型 ■ 六室两厅 + 四卫→五室两厅 + 两卫 + 半开放厨房 + 娱乐室 + 客厅 + 书房 |

有如迷宫的合并户型，分割凌乱，造成又长又曲折的动线

两个房子打通的合并户型，只是依靠隔户墙的门洞相通，仍旧维持壁垒分明的关系。原平面将客厅放在距离玄关最远的位置，因为缺乏贯穿空间的主动线，使得从玄关到客厅要经过好几道关卡，不但增多了过道，家人相聚也不方便。重新调整户型后，设计师将待客区集中在靠玄关的左半部，并将外墙内退，设计出主、副动线，由于房间设在动线上，使房间到任何空间的距离基本均等，而空间最内部区域规划成家人共享的客厅与书房，满足屋主希望公私区域分明的要求。

问题

❶ ▸ 两户平面格局合并，仅靠一处开口衔接，左右壁垒分明。

❷ ▸ 客厅设在最内部，距离玄关遥远，动线曲折。

❸ ▸ 斜向的阳台连续窗，产生畸零角落。

对策

❶ ▸ 待客功能集中在左半部，避免访客干扰起居隐私。

❷ ▸ 打造贯穿左右的中轴，将房间设在过道上，到公共区域距离均等。

❸ ▸ 将阳台内退，打造出第二条动线。

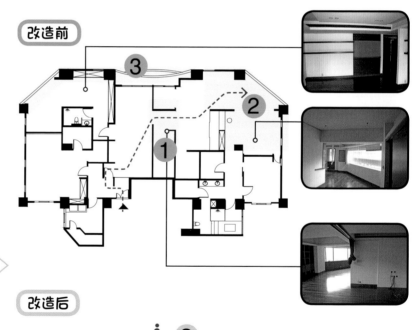

改造前

改造后

运用手法 1.2.3

① ▶ 主客空间分区　　② ▶ 阳台还原　　③ ▶ 双开门设计

1　待客功能集中

将玄关空间设定为公共空间，客厅、餐厅与厨房采取开放式设计，并有娱乐室、客卫和独立客房，将访客的一切活动都安排在左半部空间。通往房间的过道加装对开门，必要时可关上，将右半部空间完全独立出来，保护家人生活隐私。

2　贯穿左右的主动线

在平面的中央拉起一条贯穿左右的主动线，将两个儿童房与老人房安排在这条主动线上，使这条动线可以直接通往家中所有房间。将老人房安排在Ⓐ处，邻近共享卫生间，使其具有套房般的便捷性。

3　阳台还原，增加副动线

平面左右两侧有斜向的连续窗，可将此畸零角落与阳台串联起来综合考虑。将外墙内退还原出舒适宽度后，在阳台左右都设置了出入口，就形成了平面的第二条动线。当客人来访时，孩子们可以从阳台回房间或起居室，不必绕过客厅。

■ 空间设计与图片提供／匡泽空间设计 黄睦杰　TEL：02-2751-8477

2.4

特殊功能

打造满足兴趣、社交和工作需求的多功能室。

除了起居、饮食、休憩，家同时也是重要的社交空间、兴趣空间，甚至是在家工作者的办公室。房子除了满足家庭成员的基本需求外，还要考虑是否加入这些功能。一间好的多功能室，是丰富平凡生活的重要因素，但现实情况是多功能室并没有起到这个作用，很可能只是虚构出来的一个用不到的空间。而属性较接近多功能室的房间，用书房来称呼似乎更为恰当。多功能室的角色不限于工作室、兴趣室、书房、客房，但最好将 2～3 项不同功能合并在一起，把使用频率较低的功能做附属设计，如此可以增加空间利用率，避免空间浪费。

此外，把家当成工作室，或者爱热闹经常办派对的家庭，房子设计时要格外注意社交功能，而此时最大的问题在于人员数量落差很大，即平时使用的人口并不多，但有可能一遇开会或节日时，公共空间所需容纳的人数暴增，空间的弹性就显得很重要。

方法 1 **工作社交** > 收放自如的开放性空间，可工作可社交

在有限的空间里，我们不可能无限扩张客厅，这样不但会压缩其他空间，平时也容易使其显得过大或空旷。社交型的房子最常见的是利用开放 LDK，让餐厨区也成为待客区；或者将多功能室（客房、和室、书房）设在邻近客厅的地方，用折叠门取代隔断，需要时可开放成为客厅的延伸空间。另一种方法是利用移动家具、组合式沙发来拓展客厅范围。

图片提供_珥本设计（左图）、SW Design 思为设计（右图）

方法 2 **兴趣专属** > 将兴趣置入，完成个性住宅设计

兴趣是生活的润滑剂，如果从兴趣出发思考设计，经常可以获得很不一样的灵感（例如把客厅变成电影院、把图书馆放进客厅、把客厅放进厨房等）。兴趣空间可以不必是一个房间，只要一个角落、一张专属桌子，附以具有简单收纳功能的家具就能实现。兴趣空间利用公共空间或阳台来设计都不错，比起窝在房间里独乐乐，众乐乐更能增进家人的情感，也能培养亲子共玩的乐趣。如果是需要长时间才能完成的兴趣，如裁缝、木雕、模型等，则要考虑方便收纳，例如将桌面设计在柜体内，平时可以隐藏起来，只要一打开便可继续制作未完成的手作。

图片提供_非关设计（左图）、直学设计（右图）

本节使用符号 动线 视线 采光 通风

2.4 特殊功能 工作社交

案例1 客厅架高走廊，变成朋友专属贵宾影院

| 面积 ■ 114 平方米 | 屋况 ■ 二手房 | 家庭成员 ■ 单身 | 建筑形式 ■ 单层 | 户型 | 三室两厅 + 两卫→两室两卫两厅 + 开放式厨房 + 客厅、起居室兼书房 |

更衣室凸出不小的区块，破坏客厅和餐厨空间的完整性！

年轻单身的屋主为在家办公的自由职业者，平时活动多在家中，喜欢将公共空间当成工作室与娱乐室使用。屋主虽满意目前的户型状态，但更衣室凸出不小的区块，而且电器柜或电视柜等收纳设备压缩了客厅与餐厨区的尺寸。屋主希望设计师能微调主卧、客厅与餐厅三者的界定关系。从天花板、墙壁到电视墙不同深浅的灰色、中性色调辅以大面镜子与玻璃引入室外光景，让居住者在各区域的动线自由穿梭，探索空间的趣味性。此外，客厅借助有层次的地面，搭配活动式家具，成为视听娱乐的中心。

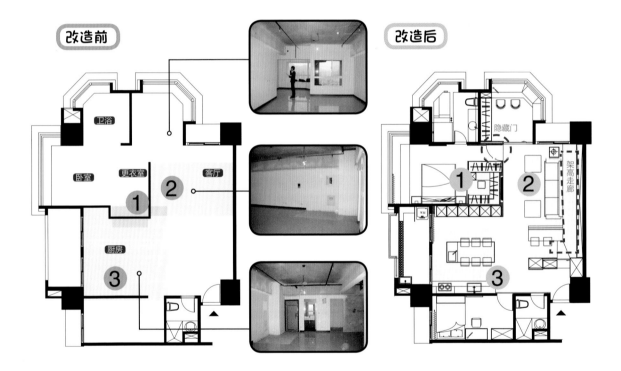

改造前　　改造后

 问题

❶ ▸ 凸出的更衣室压缩了客厅与餐厨空间，使其无法完全发挥空间的使用效能。

❷ ▸ 电视主墙长度过短，纳入三人座沙发之后，就容不下更多座位。

❸ ▸ 厨房虽已开放，但仍要整合工作、餐厨合一和接待朋友的多元需求。

 对策

❶ ▸ 拉齐更衣室凸出的墙面，以衣柜和电器柜取代墙面，保留餐厨区与客厅的完整性。

❷ ▸ 架高客厅后半部形成书墙走廊，还可当作剧院式阶梯座位。

❸ ▸ 以中岛和餐桌结合的形式，让餐厨空间成为第二个工作、娱乐中心。

提示
运用手法
1.2.3

 ▶ 柜体隔断

 ▶ 架高地板化身剧场座位

 ▶ 中岛餐厨区

1 用木料包覆，构成完整的电视墙

将更衣室凸出的隔断墙打掉，使П形更衣室出入口朝向主卧内侧，使用衣柜与一整排电器柜取代墙壁，另一面电视主墙使用木料包覆至电器柜侧面、主卧，并采取暗门设计，构成完整的主题墙。

2 剧院式阶梯座位，客厅也是家庭剧院

客厅后半部为架高走廊，整面格子书墙收纳屋主日常工作用的参考书籍。此外，当朋友来访时，放下投影屏幕，将一字形沙发拆解移位，客厅瞬间变成家庭剧院。

备忘录 **是桌也是凳的П形几**

为了方便人多时沙发可以挪移，客厅一字形沙发使用两张豆腐椅组合而成。为了增加使用的灵活度而省去较大的茶几，定制体积较小的П形边桌，转个方向也能当成木凳来坐。

3 中岛型餐厨区成为第二个工作、娱乐中心

除了客厅之外，屋主希望将餐厨空间当作自己的第二个工作、娱乐中心，因此，将中岛结合餐桌形式，厨具和电器柜分别放置在完整的立面上，让空间更显利落。

■ 空间设计与图片提供 / 逸乔室内设计 蒋孝琪、萧明宗　TEL：02-2963-2595

2.4 特殊功能 工作社交 | 案例 2 | 客卧收放自如，社交分区彼此更熟络

| 面积 ■ 182 平方米 | 屋况 ■ 新房 | 家庭成员 ■ 夫妻 +2 子 | 建筑形式 ■ 单层 | 户型 ■ 四室两厅 + 三卫→三室两厅 + 三卫 + 视听室 + 更衣室 + 书房 |

墙面过多，制造视线死角，无法展现大面积空间的开阔感！

这对年轻夫妻的交友圈很广，他们对家的期望不只是满足居住功能，还需要一个既能放松又能举办派对的宽敞空间。新房虽满足居住功能，却有四个房间，而两人加上两个孩子只需要三个房间即可，他们希望能将多出来的房间变成公共区域的一部分，展现家的开阔感。平时空间只有四个人使用，但开派对时的人员会增加，因此以开放设计或采用折门来取代实体隔断，使空间可以维持最大展开度。考虑到男女主人的朋友个性不同，将富余的房间变成客厅延伸的视听室兼客房，大小空间的对比性可彰显客厅的开阔感，也让话题不同的朋友可以分区活动，使客人感受到主人的热情与周到。

改造前

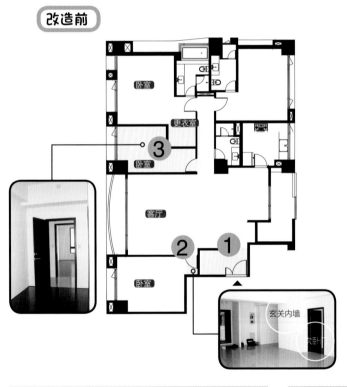

改造后

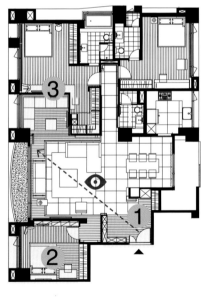

问题
1 ▸ 玄关虽功能齐全，但隔断方式阻碍视线。
2 ▸ 房间门位于电视墙上，开开关关影响观看节目。
3 ▸ 两个尴尬的小房间，造成更衣室面积不足且不好利用。

对策
1 ▸ 将玄关内墙拆除，使视线达到最大的对角。
2 ▸ 次卧入口内移到电视墙的后方，减少动线和视线的干扰。
3 ▸ 拆除畸零小空间的隔断并架高地板，释放出更衣室和视听空间兼客房。

1 打开视觉死角，一进门即迎来开阔感

玄关内墙拆除，使封闭的ㄇ形变为L形，视觉死角不见了，使视线形成最大对角，一进门的视野得以放宽，紧绷心情也随之放松下来。玄关紧邻次卧，两者彼此独立，但通过木地板架高延伸，使分割开来的空间仍能维系整体感。

2 动线转向减少主墙干扰

次卧与客厅隔断重做，依照不同对象的收纳高度做双面运用，下方为视听设备平台，中段悬挂电视机不需要厚度，背面则设计为次卧衣柜。干扰视线的房门内移到电视墙后方，内凹空间利用色彩、灯光与画作布置，成为主墙面趣味盎然的端景。

3 地面围塑形成收纳空间

空间中央畸零小房间的隔断全部拆除，重新规划更衣室与视听室的比例。为了让内凹空间不产生断裂感，木地板外延形成一个围手般的ㄩ形，将公共区域做大幅度调整。视听室使用双开折门，平时可维持最大开启度，并搭配可自由组合的沙发，当组合为一张大床时，这里就变身为客房。

■ 空间设计与图片提供/珥本室内设计 陈建佑　TEL：04-2462-9882

2.4 特殊功能 工作社交　案例 3　墙壁加弱电设备，打造移动工作站

面积 ■106 平方米　屋况 ■ 期房　家庭成员 ■ 夫妻　建筑形式 ■ 单层　户型 ■ 三室两厅 + 两卫→两室两厅 + 两卫 + 书房

回游动线核心的 L 形隔断墙，如何与各空间产生连接？

屋主希望拥有独立的书房，却又不希望专注工作的时候，忽略了与家人的相处。在后期优化阶段，就设定书房有两个出入口，在空间中形成有趣的回游动线，与客厅、餐厨区保持良好的互动性。也因为回游动线的想法，这个 L 形的隔断墙必须具有某些功能或趣味性，才不会使"回游"毫无意义而白白拉长了动线。整个平面的设计，重点在强化 L 形隔断墙的功能性，墙面的里外依照空间属性设定不同收纳功能，内侧为书柜，外侧为餐柜（兼收纳柜），增强了墙面的功能性。

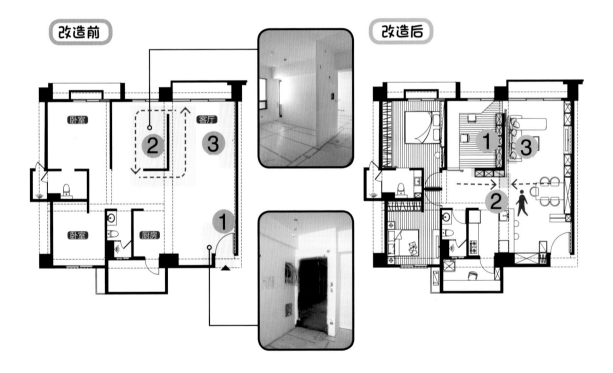

问题 ❶ ▸ 传统对讲机或监控系统位于大门口，不方便使用。

❷ ▸ 回游动线的 L 形墙面必须与功能结合，强化设计双动线的意义。

❸ ▸ 拥有众多通信、电脑和控制系统等科技产品，希望有个统一收纳和充电的平台。

对策 ❶ ▸ 沿墙设计收纳功能，L 形柜分别被设定为餐柜与书柜双重用途。

❷ ▸ 将监控系统从大门移到空间中央的 L 形墙面上，方便家人驻足观看。

❸ ▸ 将沙发背景墙挖出凹槽，成为科技产品充电和放置的平台。

运用手法 1.2.3　提示　 ▶ 墙面与收纳二合一 ② ▶ 隔断墙多种功能结合 ▶ 沙发背景墙化身工作台

1　回游动线的 L 形一柜双用

沿着墙面设定收纳功能，靠厨房一侧的可作为餐柜与收纳柜，而书房内部的则设定为书柜。当顺着回游动线走动的时候，可以欣赏书架上的摆饰，不会感到无聊。再者，因为书房有两个出入口，无论是从房间还是客厅都可以很方便地进出，找到自己想阅读的书。

2　小区活动的观测中心

现代大楼不少配备高科技的监控系统，有的还兼具信息公示栏功能，是相当便捷的设备。将监控系统从大门口移到 L 形墙面，正好位于人来人往的动线上，方便家人经过的时候看一下，即使不出门也能掌握小区新消息。

3　沙发背景墙化身工作台

靠沙发的墙面特别挖了一个凹槽，可以收纳遥控器，在凹槽上方还加了插座，不但把丑丑的插座藏了起来，也方便笔记本电脑、平板电脑或手机充电，让沙发区成为舒适的临时工作台。

■ 空间设计与图片提供 / 匡泽空间设计 黄睦杰　TEL：02-2751-8477

2.4 特殊功能 工作社交
案例 4 以10年后的转型为出发点，兼具工作室功能的住宅

面积 ■92 平方米 ｜ 屋况 ■ 老房 ｜ 家庭成员 ■ 夫妻 ｜ 建筑形式 ■ 单层 ｜ 户型 ■ 两室两厅两卫→一室两厅两卫＋工作室

空间被主卧与餐厅瓜分，客厅比卧室小，工作与起居不能并用！

新婚的设计师夫妻想将老房子改造为婚后的居所以及工作室使用。原屋前阳台面对校园操场，视野很不错。但是，整个前阳台区域都在主卧里，屋主经常使用的客厅区反而享受不到良好的视野，而且公共区域又被吧台切割为餐厅，活动空间太小，无法兼具工作室与客厅的双重功能。平时两人最常停留的区域多在工作室，因此将原主卧改为办公空间；将橱柜、厨具、电视柜集中收纳，使客厅、餐厅成为开放空间，并将餐桌结合中岛，作为会议桌使用。主卧则以造型门板隐藏于后方区域，使空间白天以工作为主，晚上则可恢复成令人放松的家。

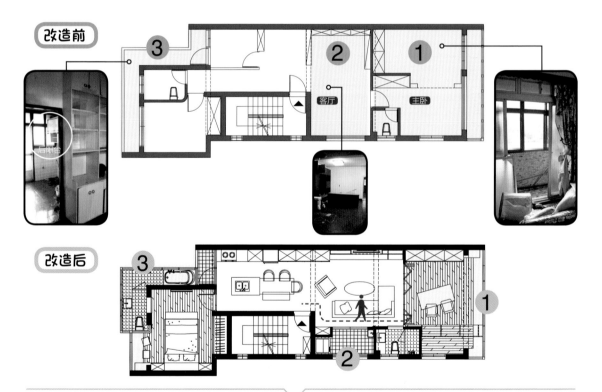

问题
❶ ▶ 前阳台面向校园，视野佳，但屋主经常使用的客厅却享受不到良好的视野。

❷ ▶ 客厅太深、太窄，形状不好利用。

❸ ▶ 后阳台大而不当，需要适当调整。

对策
❶ ▶ 将视野最好的前阳台留给工作区，并以实木打造放松休闲的咖啡雅座。

❷ ▶ 将客厅深度切割，新设内退阳台，将家务功能安排于此，并用落地帘弹性维持美观。

❸ ▶ 后阳台切成数段使用，分别为厨房阳台、主卧卫浴与阅读区。

运用手法 1.2.3

① ▶ 折门灵活隔断　　② ▶ 阳台移位　　③ ▶ 阳台、浴室合一

1 活动折门让工作更专注

沿着梁线，将前半部区域化为工作室。前阳台改造后安装了景观窗，并以整块实木打造窗边平台，成为工作之余放松喝杯咖啡的雅座。工作室与客厅以折门灵活界定，当客户来访时或需要加班的夜晚，就可以拉上保持独立，使工作情绪更为专注。

2 阳台功能与客厅合并

客厅后方的开窗面对邻居且栋距狭小，加上朝向多日照的南面，因此将阳台功能移到这里，同时将客厅深度调整成适中，而沙发摆放时留出单人通道，让动线不必经过电视机前。新阳台集中放置洗衣机与空调主机，用来洗衣、晒衣，若有客人来访则可拉上落地帘保持美观。

3 阳台切成数段，化身多功能区块

后阳台大而不当，将阳台拆解为数段，分别作为厨房阳台、主卧卫浴与阅读区使用。卫浴与书房之间采用玻璃分隔，让光线可以互为穿透。浴室则利用凸窗平台安装水槽，并借 L 形转折设计干湿分离，阳台宽度恰好可以放下一般尺寸的浴缸（长 160 厘米 × 宽 70 厘米）。

备忘录 考虑空间转型的设计

这个空间的设计是把 10 年以后的家庭情况也考虑进来，等将来屋主有了宝宝，房子可能转型为纯居住用。因此，将客卫加大，增加干湿分离淋浴功能，而工作室也预做了卧榻（下方可收纳，现在用于工作之余的小憩），方便将来照料婴儿，等孩子大一点则可当成游戏区，还可以把折门固定，成为独立的房间。

■ 空间设计与图片提供 / SW Design 思为设计 徐文芝　TEL: 02-2882-4471

2.4 特殊功能 工作社交

案例 5

餐柜隐藏折叠桌，翻出男主人专属制图室

面积 ■ 198 平方米	屋况 ■ 新房	家庭成员 ■ 夫妻 +2 子	建筑形式 ■ 单层	户型 ■ 两室两厅 + 三卫 + 开放厨房 + 保姆房→三套房 + 两厅 + 开放厨房 + 开放书房

比上不足、比下有余的尴尬尺寸，空间难利用又显得拥挤！

这个空间有许多不合理的配置，如原始户型预留屋主用不到的保姆房，若作为储藏室，沟通动线亦占用走道面积。此外，还有许多比上不足、比下有余的尴尬尺寸。例如：电器柜后方空间大于过道、小于书房；主卧与次卧的隔断不合理，做更衣室太浅，但只放一排衣柜又太深。结构上还有许多壁凹，整体感觉很畸零。打算搬进新房子的何先生一家，希望两个年纪不小的孩子的房间里都有独立卫浴。同时，钻研自制家具多年的何先生，期盼拥有一间专业制图室，假日时可尽情沉浸在设计家具的乐趣中。

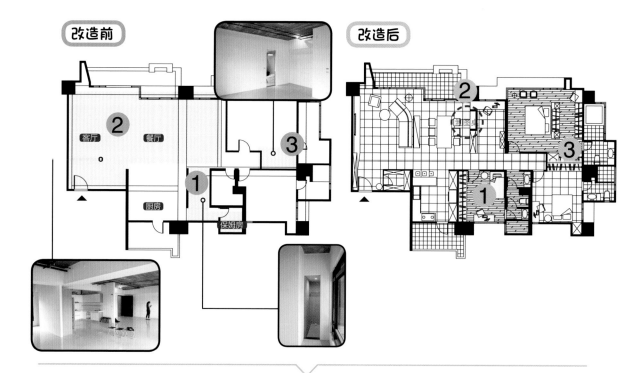

问题
❶ ▸ 为了用不到的保姆房，厨房刻意隔出双动线，但过道的使用率低。保姆房的空间尺寸尴尬，不足以当作卧室，作为储藏室又显得浪费。

❷ ▸ 为满足屋主制作家具的乐趣，需要设置一个专属的制图室。

❸ ▸ 深度尴尬的隔断，壁凹放置衣柜太深，却又不足以做更衣室。

对策
❶ ▸ 将厨房略缩小，让出一个房间；保姆房取消，并入客卫淋浴间，并可做双向使用。

❷ ▸ 餐柜分隔餐厅与书房，柜背结合折叠桌，书房可变身制图室。

❸ ▸ 主、次卧的墙面重做，均分墙凹深度，放入衣柜刚好可以切齐。

提示
运用手法
1.2.3

 ▸ 双向使用   ▸ 柜体隔断   ▸ 墙凹均分

1 调整厨房，增加第三间套房

原本厨房过大，重新调整隔断墙，将原本浪费的走廊变成了一个房间。由于屋主希望三间卧室有三套卫浴，因此在长条状的浴室配置里，马桶间设计了内外两个门，两侧各有洗手台，最里面的保姆房则变成淋浴间。平时锁起外门，儿童房就有独立浴室；若锁起内门，就能释出空间作为客用卫生间。

2 柜体结合折叠制图桌，打造兴趣角落

通过房子中央的大梁，利用梁下空间设计了可双面使用的餐柜，定义出餐厅与书房，柜体兼具修饰梁柱与双面收纳功能，并放入男主人设计的边柜，成为有意思的景致。柜背还结合了可收折的制图桌，可随时将其变身为男主人的兴趣空间。

3 墙凹均分丝毫不浪费

将原来主、次卧的隔断墙打掉，利用原始深度设置了两座相对的衣柜，分别满足主、次卧的收纳需求。而主卧则将床背板结合衣柜，打造出具有双动线的一字形更衣室。

■ 空间设计与图片提供／非关设计 洪博东 TEL：02-2750-0025

2.4 特殊功能 工作社交

案例 6 巧用木制家具，打造日式茶屋

| 面积 ■ 26.5 平方米 | 屋况 ■ 新房 | 家庭成员 ■ 夫妻 | 建筑形式 ■ 单层 | 户型 ■ 一室一厅 + 一厨 + 一卫→一室一厅 + 一厨 + 一卫 + 书房 |

> **厨卫保留不变，但要让 26.5 平方米小套房摆脱制式感！**

这个 26.5 平方米的小房子只有单面采光，入口的左右两侧分别是厨房与浴室，如同大部分小套房户型。由于屋主希望这个房子可以成为工作和回家的过渡空间，加上自身对日系家具与艺术都有所涉猎，因此希望能营造既让人感觉放松，又跳脱日常的日式空间。受预算限制，屋主希望厨房和卫浴的位置不要变动，于是设计者仅将外凸空间的落地窗移除，利用架高地板重塑开放性的和室，并借助墙面、柜门材料变换，与电视墙形成按比例分割，让这个小空间摆脱制式，形成独特的个性。

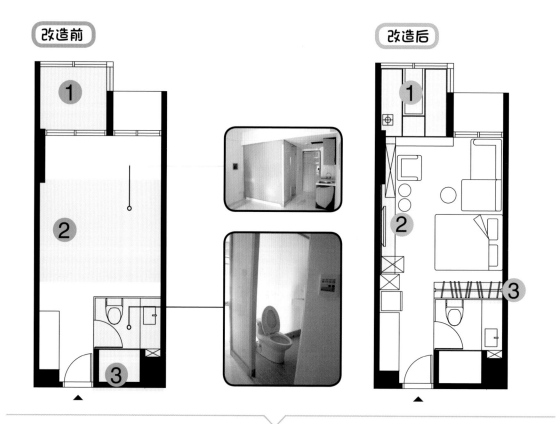

改造前

改造后

问题
❶ ▶ 全屋采光最好的位置却面积狭小，无法当作客厅使用。

❷ ▶ 客厅作为生活的重心，希望其看起来大气些。

❸ ▶ 卫浴为暗房，若采用玻璃隔断，担心出现隐私暴露问题。

对策
❶ ▶ 拿掉落地窗，地板架高，打造阅读茶屋，并延伸电视墙设计。

❷ ▶ 电视墙采用梧桐木和柚木材质，与和室产生一体感。

❸ ▶ 浴室隔断结合衣柜设计，增强私密性。

1 落地窗移除，增加可用空间

将落地窗移除，把空间架高成为开放书房及和室，整体概念来自屋主喜爱的木制家具，和室下方除可收纳，因局部下凹还可以搭脚。木地板采取柚木、桧木、梧桐木混搭使用，桧木看起来还有榻榻米的感觉。

2 家具延伸，拓展空间感

将和室地板延伸与电视柜结合，以柚木面加上梧桐木面延伸而成的电视柜，具有将家具融于空间的作用，使和室不会令人感觉狭小。

3 浴室结合衣柜，增加私密性

浴室的墙面用了强化玻璃隔断，加上一层喷砂的膜，结合铁件与梧桐木打造的衣柜，使衣柜本身具有光线穿透效果，并用布帘取代衣柜的门板，平时保持开放，也可整片拉起遮住厨房。

备忘录　多重元素丰富空间感

一般认为小空间应该以镜面或白色调来营造视觉放大效果，不过这个案子的设计者提出了不同的想法：使用对象在全白空间内的感觉很鲜明，人被放大，空间反而被缩小了。通过材料混用，为空间增添许多具有观赏性的细节，使人在小空间中不但不无聊，还感受丰富。

■ 空间设计与图片提供 / 非关设计 洪博东　TEL: 02-2750-0025

2.4 特殊功能 工作社交 案例7 用家具营造角落，客厅混搭咖啡吧更迷人

| 面积 ■ 158 平方米 | 屋况 ■ 新房 | 家庭成员 ■ 单身 | 建筑形式 ■ 单层 | 户型 ■ 三室两厅 + 两卫→两室两厅 + 两卫 + 书房 + 更衣室 + 咖啡吧 + 音响室 |

超大空间一人住，缺乏理想的规划，无法满足兴趣需求！

这个大房子一个人居住相当宽敞，但原本的户型难以满足屋主广泛的兴趣需求。屋主希望在家是一种享受，尤其浴室更是重要的放松空间，而原来的主卧浴室太小、缺少更衣室。客厅空间虽大，却缺少完整的规划。厨房也相当封闭。对于热爱研究咖啡与音响的屋主而言，这样的房子很难大展身手。针对兴趣广泛的屋主，设计师将全屋看成一个具有多种功能的大房间，两个小卧室分别作为客房与音响室。将客浴退缩，使主卧空间加大，拥有独立更衣室与宽敞的浴室。公共区域则采用开放概念，利用矮柜、吧台等取代隔断，以家具定义空间功能，并留出调整弹性，以便转换成两人或家庭生活时使用。

改造前 / **改造后**

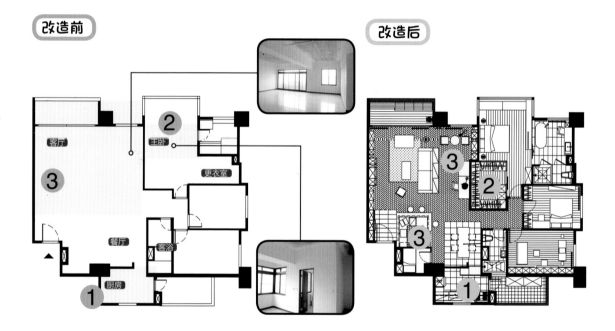

问题
1 ▶ 厨房非常狭小而封闭，与公共空间难以互动。
2 ▶ 主卧浴室太小，无泡澡空间；更衣室也太小，无法收纳屋主大量的衣物。
3 ▶ 客厅虽宽敞，仍需考虑如何做出合适的分隔。

对策
1 ▶ 在厨房和餐厅之间设置出餐台取代实体隔墙，方便两个空间互动。
2 ▶ 客浴退缩、主卧隔断外移，退出一个大型的⊓形更衣室。
3 ▶ 将宽敞的客厅运用矮柜做适当的分隔，分出书房、咖啡吧和品茶区。

提示
运用手法
1.2.3

 ▸ 吧台界定

 ▸ 铺面暗示

 ▸ 矮柜做分隔

1 餐台取代隔断，并保持空间互动

邀请朋友到家里聚餐时，最怕忙着准备餐点，错过了有趣的话题，如果将封闭的厨房打开，加一段地柜与透空的铁架餐柜取代实体隔断，既能保持两个空间的互动，又多了餐台，省下端菜上桌的距离。

2 客浴退缩让出更衣室

原来的主卧更衣室位于主浴旁的内凹处，大小仅能设一个小 L 形衣柜。调整客浴、过道与主卧的关系，将客浴墙体与视听室拉齐，主卧更衣室凸出加大，打造出超豪华的 ∏ 字形更衣室。原来的更衣室则纳入主浴，使主浴可有干湿分离的淋浴区、马桶间，还有宽敞的泡澡区。

备忘录 **常见的更衣室形式**

过道式更衣室是目前大为流行的设计方式，不仅收纳量充足，而且通过系统的布置，让衣饰变成漂亮的陈列。更衣室设计可分一字形、L 形、双一形、∏ 形，所需要的基本空间大小依次是：一字形（2.3～2.9 平方米）、L 形（2.9～3.6 平方米）、双一字形（2.9～3.6 平方米）、∏ 形（3.3～6.6 平方米）。

3 利用矮柜分隔不同使用功能

屋主希望客厅保持宽敞，但又能区分出书房、咖啡吧、品茶区等空间，为了保持空间的弹性，书房与品茶区利用家具定义功能，以矮柜半挡的方式隔开。

■ 空间设计与图片提供 / 直学设计 郑家皓　TEL：02-2357-0298

2.5
通风采光

开口路径，让风和光自由流动。

采光与通风可以概略地当成同一件事情来考虑。采光好的房子，通常通风也不会太差；如果房子采光不错，通风却很差，问题可能出在窗户样式上（推射窗方向错误、不能开的落地窗）。户型规划除了要保留风的对流路径外，在密闭空间（储藏室、鞋柜、无外窗的卫浴）也要注意增加通风孔设计，避免密不通风造成发霉发臭。

解决房子采光问题，可分为从外引进与由内部改善两种方式。前者是通过外墙结构变更，增设天井、开窗或用阳台内退等方法，增加进光量。后者是当外墙不允许变更时，将卧室、客厅、卫生间（用水区）列为一定要有窗的必要空间，而厨房、餐厅或书房则可归类于勉强不需要有窗的次要空间，首先将必要空间安排在有窗的位置，次要空间则可以利用开放方法，或使用透光性隔断材料来借光。

注：推射窗，即往外推开的窗型，有别于平拉式开窗。不占用室内空间，包含由内侧往外推、留一道小开口的推窗，以及由内往外、由下往上推开的下悬窗。

方法 **1**　**天井置入**　打开天井，从屋顶导入光线

改善露天房屋的采光条件，除了在立面上增加开窗之外，也可以借助传统建筑中天井的设计方法，从屋顶垂直导入光线。打造天井有两点要注意：一是天井采光罩要注意泄水设计，以免下大雨时渗漏水，若没有采光罩则天井投影的楼地板区域要设计排水；二是天井四周的建筑界面可依照房间需求设计窗户，或使用玻璃界面替代实墙。

方法 **2**　**透光之壁**　利用玻璃材质穿透引光

前后采光的狭长房屋或单面采光的房屋，可利用玻璃材质打造可以透光的墙壁，一来可以满足空间界定，二来可以让光线尽可能深入空间内部。玻璃材质可依照私密性来选择，视觉上可穿透的黑玻璃或茶玻璃适用于书房、厨房、餐厅，视觉上不穿透的雾玻璃、白膜玻璃适用于卧室、浴室，使用清玻璃则可搭配拉帘，灵活调整可见度。此外，墙面局部贴镜，也能利用反射效果为空间打光。

方法 **3**　**孔隙呼吸**　隔断不做满，保留光和风的通道

餐厅、厨房、书房与客厅等公共空间的关系可以较为宽松，不必要将墙做满的时候，可以利用半岛式的墙（柜）隔断，让隔断不到顶、隔断不紧贴外墙，保留自由呼吸的空隙。除此之外，也可使用格栅门（墙）或者在门或墙面加入通风孔设计，让两个空间的通风与采光可以互相流动。

本节使用符号　 动线　 视线　 采光　 通风

2.5 通风采光 天井置入

案例 1 边间露天，3平方米留白做出内天井

面积 ■ 单层 92 平方米 ｜ 屋况 ■ 老房 ｜ 家庭成员 ■ 夫妻 ｜ 建筑形式 ■ 露天 ｜ 户型 ■ 三室两厅→两室两厅 + 开放式书房

内部切割太零碎，失去双面采光优点，昏暗的家住得好难受！

这是一对艺术家夫妻的房子，三层楼边间露天的单层面积有 92 平方米，客厅、餐厅、厨房全集中在一楼，都是隔开的单独空间，非但无法发挥双面采光的优势，反而造成中央的楼梯间一片漆黑。在二楼，靠庭院的空间虽然有许多窗户，却被长达 11 米的闲置空间所占据，使得所有采光没办法深入室内。重新调整一楼内部隔断，减少阻挡采光的障碍，并将局部开窗扩大为 2 米宽的出入口，让采光能渗透到裸露的楼梯间。另外，二楼不当的闲置空间特别让出 3 平方米的留白，将楼板打通，使采光上下连贯。

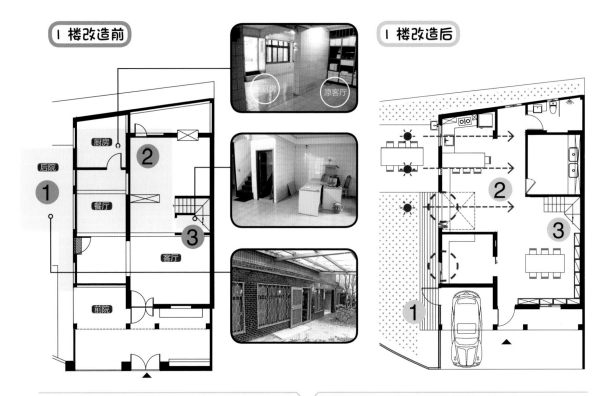

I 楼改造前

I 楼改造后

问题

❶ ▶ 大面积的遮雨棚让多扇窗户无法发挥采光作用。

❷ ▶ 隔断多，内部空间采光受阻。

❸ ▶ 楼梯间与卫生间相邻，又得不到前方采光，一片漆黑。

对策

❶ ▶ 缩减遮雨棚面积；改窗为门，增加受光面。

❷ ▶ 拆除隔断，减少光线的阻碍。

❸ ▶ 将阴暗的卫生间移位，拆掉楼梯侧墙，让楼梯间明亮起来。

运用手法 1.2.3 ① ▸ 局部开窗为门 ② ▸ 拆除隔断 ③ ▸ 拆除楼梯侧墙 ④ ▸ 打穿楼板 ⑤ ▸ 还原阳台

1 如移动墙般的超大出口

将遮雨棚的面积缩小，改用透光性较好的玻璃材质。将侧门门洞填补上，沿着天花板梁位划出储藏室与餐厨空间，并将最大面窗的女儿墙直接下切，改成可进出大型物品的 2 米横拉木门，晴朗时可全部开启，引进光线，并且让室内与室外保持密切关系。

2 拆除隔断，将空间功能重新设定

将餐厅和厨房的隔断全部拆除，并把一楼设定为艺友聚会的工作室与厨房，隔断采用开放式，使侧向采光能够尽量深入空间内部。

3 楼梯间拆墙，重获明亮

由于露天一楼可下凿地面重埋管线，得以将阴暗的卫生间移位，使楼梯间获得解放，扶手直接嵌在墙上，没有了侧向遮蔽，楼梯也不再封闭阴暗。

问题 ④ ▸ 闲置房间独占大部分的窗户。

⑤ ▸ 阳台没有发挥采光优势。

对策 ④ ▸ 打通二楼中央的楼地板，创造内天井。

⑤ ▸ 复原原本闲置的阳台空间，并改用落地玻璃门连接室内与室外。

2 楼改造前

2 楼改造前

4 3平方米楼板上下打穿，创造内天井

将原本二楼过大且设计不当的闲置空间，于中央处打通楼地板，使一楼、二楼空间连通，制造出3平方米大小的内天井，让上下采光连贯，获得加倍效果。这个垂直留白的空间，可装满侧向照进来的光线，对内作为三向采光的导体，用来调节主卧、书房、卫浴的明暗，让独户有院的房子发挥应有的优势。

5　还原阳台增加 3 平方米采光面

基于私密度与防盗考虑，一楼开窗往往不大，与其把生活空间放在这里，不如用作工作室，把家人经常聚集的客厅移到二楼。并将二楼阳台出入动线转向，敲除外墙，并加上落地玻璃门，制造出 3 平方米以上的采光面，照亮空间之余，也引入了大自然的风光。

备忘录　一份光照照亮三个房间

多了内天井，等于多了总长 6 米的三向壁面，各自依照房间属性设计不同开窗：书房的窗户高度适中，让人可观察下层活动状况；浴室则在浴缸旁开了较低的横长窗，泡澡时能看见院子里的树；主卧考虑私密性，使用高窗采光。

采光效果取决于窗户的高度与形状

窗户的高低与形状也会影响采光效果，通常窗户距离天花板越近，采光效果就越好，而窗户的宽窄长短则会影响视线范围、入射角度、进光量，可以依照每个空间属性来设定窗户形式。

1. 横长窗
可使房间采光较平均，适用范围广。

2. 纵长窗
涵盖日射角度广，采光时间较横长窗长，且能使光线射入房间深处，适合梯间、玄关。

3. 地窗
靠近地面，有私密性要求时使用，适合玄关、和室、卫生间。

4. 高窗
靠近天花板，效果类似地窗，但观景性与采光效果较好。

5. 落地窗
进光面积最大，观景效果强，可加强室内与室外的联系，但也有隔热、私密或防盗性能差等缺点。

6. 天窗
采光量是一般窗户的 3 倍，适合用在挑高空间或楼梯间，但设计时要注意泄水，避免雨天漏水。

■ 空间设计与图片提供 / 匡泽空间设计 黄睦杰　TEL：02-2751-8477

2.5 通风采光 天井置入

案例 2

室内天井中庭，让长形街屋重见天日

| 面积 ■ 149 平方米 | 屋况 ■ 老房 | 家庭成员 ■ 夫妻 +2 子 | 建筑形式 ■ 临街房 | 户型 ■ 一大房 + 一卫→两室两厅 +2.5 卫 + 开放厨房 + 办公室 |

长形街屋纵深如隧道般又深又长，空间中段不见天日！

位于市中心的临街房一楼，房子拥有前后两个出入口，采光也仅来自前后方。房子的纵深长逾 10 米，中段几乎是一片漆黑。房子原先是作为办公室使用，室内中心以 3 根大柱子将房子切成左右两大段。室内不但做了平钉天花板，将屋高压得很低，还将天井封起，空间看起来更加灰暗。设计师利用房子前后两个开口，将商业办公、私宅的出入口分开。拆除原平钉的老旧天花板，以天井为中心规划室内中庭，为房子中段注入自然采光。中庭同时将长形街屋一分为二，成为办公、私宅空间的过道，中庭的三面都采用玻璃接口，让街屋中段的主卧脱离暗房困境。

问题

❶ ▶ 平钉的天花板不但压低屋高，封闭的天井也让空间具有压迫感。

❷ ▶ 长形房屋纵深长，采光仅来自前后两个出入口。

对策

❶ ▶ 还原被封闭的天井，搭配中庭花园和玻璃折门，加强室内中段的采光。

❷ ▶ 入口退缩，带出大片落地玻璃立面，从侧向增加采光面。

❸ ▶ 退缩并抬高建筑基地设计斜坡，沿坡而上设计一橱柜式前景，发挥穿透、引光的作用。

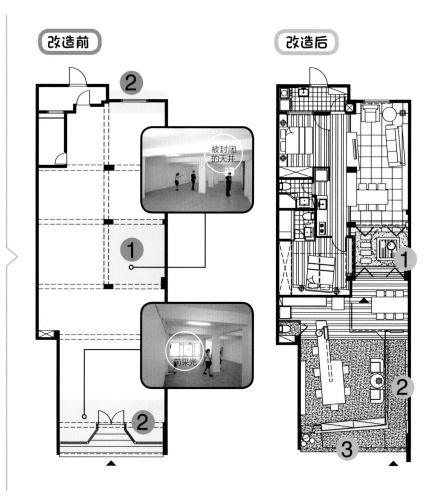

改造前　改造后

被封闭的天井

前采光

运用手法
1.2.3

① ▸ 复原天井，打造花园中庭   ② ▸ 入口后退   ③ ▸ 设计橱柜式前景

1 天井中庭，三区共享

还原室内中段的天井设计，搭配中庭花园、玻璃折门，提高室内中段的亮度，导引室内外的对流循环。天井中庭作为公、私区的过道，同时为屋后的客厅、中庭旁的主卧以及屋前的架高会议区等引入阳光及自然景观。

备忘录

选用胶合喷砂强化玻璃作为天井材质

为了安全起见，在选择天井材质时，建议使用胶合强化玻璃。胶合玻璃是由两片玻璃胶合而成，即一片普通玻璃和一片强化玻璃。强化玻璃的强度较高，在破碎时会呈小碎粒状，不至于整片破碎。而采用喷砂处理，则是为了制造半透光的效果，让中庭花园有美丽的光影可赏。

2 入口后退，带出采光面

将房子前段的采光面和入口全部拆除，在房子最右侧退让出廊道，带出大片立面，并设置拉门作为入口。立面则以落地玻璃为材质，从侧面增加采光面，营造通透的视觉效果。廊道上方的轨道灯也能增加廊道的亮度。

3 橱柜式前景增加采光兼具展示功能

房子的前段作为商业办公空间，利用退缩、建筑基地的抬高来设计斜坡，作为与街道的呼应，斜坡连接玄关过道，行进的动线同时也是一座小展馆，展示公司的设计作品，橱柜式前景发挥穿透、引光效果，半遮掩室内景致。

■ 空间设计与图片提供／尤哒唯建筑师事务所 尤哒唯   TEL：02-2762-0125

2.5 通风采光 天井置入

案例 3 退出 3 条风道，导入气流驱出山中住宅的湿气

| 面积 ■ 89 平方米 | 屋况 ■ 二手房 | 家庭成员 ■ 夫妻 | 建筑形式 ■ 两层露天 | 户型 | 四室两厅 + 三卫 + 和室→两室两厅 + 两卫 + 开放厨房 + 开放琴房 |

屋外紧贴山壁，屋内有层层隔断阻挡，通风不良、湿气重！

一对夫妇购入这幢山中小屋想将其作为退休后的住宅，因房子已闲置许久，原始屋况相当糟。这幢房子看似有三面采光，其实屋后紧贴山壁，窄小的后巷又做了加盖，加上侧面开窗不多，实际上通风与采光有限。隔断与内梯所造成的大量暗房，也加剧了潮湿问题。于是，将玄关入口位置调整至练琴区角落，使空间不受动线切割，拆除所有隔断，以玻璃折门做灵活界定，将一楼开放为完整的大区域，并让光线可以从庭院落地窗、侧面开窗以及新增的后巷天窗进来，照亮后半部空间。二楼将房间数量减至两室，主卧、卫生间、客卧都有良好采光，若将房门打开，也能为较暗的楼梯间带来些许光亮。

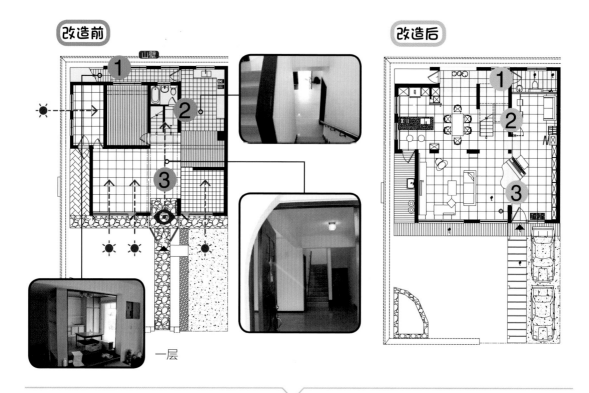

一层

 问题

❶ ▶ 房子紧临山壁，加上后巷加盖，失去采光。

❷ ▶ 隔断与楼梯造成大量暗房。

❸ ▶ 进门即见楼梯，入门景观不佳。

 对策

❶ ▶ 拆除后巷的遮雨棚，改为采光罩，形成带状天窗。

❷ ▶ 拆除所有隔断；楼梯间改成强化玻璃和铁件扶手，减少遮光。

❸ ▶ 折门区隔，加强除湿。

1　为阴暗后巷打造采光天窗

拆除后巷不透光的遮雨棚，改用采光罩，形成一个带状的天窗；大幅度拆除外墙，使上方引入的光源最大限度地为后半段空间补光。

备忘录

玻璃镶嵌引光渗透

客卫移至采光良好的后巷区，可借助阳光照射达到自然干燥的效果。墙面设计镶嵌雾玻璃的高窗，让自然光可渗透到练琴区。

2　拆除隔断不挡光与风

保留楼梯间承重墙与柱体，将一楼所有隔断与楼梯下方客卫拆除，达到空间的最大开阔度，也让两侧窗户引进的气流可以不受阻碍地对流。楼梯间以强化玻璃、铁件扶手取代实墙，并将高低落差区域化为室内造景，降低楼梯的遮光程度，同时引入户外景致。

3　灵活隔断便利除湿

考虑到女主人珍爱的名琴的除湿维护需求，除了全屋安装吊隐式除湿机外，练琴区需要定期辅以落地式除湿机除湿。为了使空间既灵活开放又独立，设计师将原来的大门出入口改由钢琴区出入，在客厅与钢琴区加设滑门做活动隔屏，可成密闭空间加强除湿，而钢琴则成为迎宾意象。

问题 ▶ 卫生间无对外窗，湿气淤积；三室隔断阻挡，有碍通风。

对策 ▶ 调整浴室位置、新增阳台出入口、书房以折门灵活隔断，让空气可以前后对流。

改造前

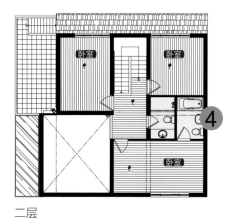

二层

改造后

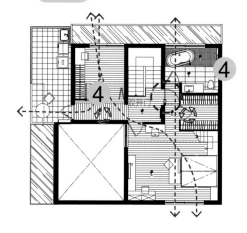

4 打造风的通道

将卫生间移位并扩大，使其拥有对外窗，可保持通风，避免湿气淤积。拆除儿女来访借住的客房头体墙面，采用折门加推门做灵活隔断，使其开放时可与露台新增出入口、主卧形成风道，帮助空气流动。

备忘录 双开门让卫浴可灵活共用

屋主夫妇两人居住不需要太多房间，只需要预留一间客房给来访的子女住，若在二楼特地为客房预留一间厕所，平时使用率则非常低。设计师在更衣室过道上加开一道门，可做双向使用，平时固定于梯间开口，维持主卧套房功能；当有亲友入住客房时，可调整门板挡住更衣室过道、隔开主卧，将浴室开放共享。

■ 空间设计与图片提供 / 六相设计研究室 刘建翎　TEL: 02-2796-3201

2.5 通风采光 天井置入

案例4

放弃无效采光，打开L形转角，把光照引入深处

 提示 运用手法 1.2.3

① ▶ 虚化隔断

 ② ▶ 门板透光

面积 ■ 83 平方米　屋况 ■ 二手房　家庭成员 ■ 夫妻 + 1 子　建筑形式 ■ 单层　户型 ■ 两室两厅 + 两卫 + 书房

房间虽有采光窗，但紧邻暗房，光线来源减少一半！

83 平方米房子的采光来自前后方，在空间中央的书房虽有采光窗，但紧挨着的工作阳台为暗房，等于少掉一侧的光线来源，也有运转噪声问题。于是，在所有房间配置不动的情况下，通过小规模的拆除，将书房变成半开放空间，增加右侧采光量，并且将厨房、浴室拉门改为可透光的玻璃材质，使左侧采光也能进来。

改造前

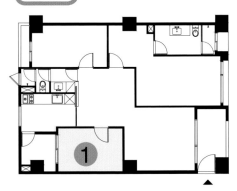

改造后

 问题　① ▶ 书房少掉左侧的光线来源，采光并不好。

 对策　① ▶ 打开墙角，虚化隔断。书房一部分墙面被切除，对向客厅的墙角不见了，以架高 8 厘米的木地板做虚化的隔断，并将地板转折成为 40 厘米高的板凳，坐在这里可以和客厅、书房的人交谈，下方还可收纳书籍。

② ▶ 以玻璃门替代窗户采光。舍弃书房采光窗，换取大型储物空间，增强收纳功能；将厨房拉门改为玻璃材质，替代书房窗户采光。书房保留部分实墙，将书桌以轨道结合书柜，必要时可挪出空间作为客房。

■ 空间设计与图片提供 / 珥本室内设计 陈建佑　TEL：04-2462-9882

2.5 通风 采光 天井置入 | 案例 5 | 转角"玻璃盒"消解沉闷阴暗的长廊

| 面积 ■ 119 平方米 | 屋况 ■ 新房 | 家庭成员 ■ 夫妻 +2 女 | 建筑形式 ■ 单层 | 户型 ■ 四室两厅 + 两卫→三室两厅 + 两卫 + 多功能房 |

房间数量多，走廊深又长，感觉拥挤又压迫！

考虑到青春期的孩子需要个人空间，加上老人来访时需要独立的客房，屋主所需要的房间数量不少。房间数量多又集中，为了沟通这些空间，不可避免地会形成较长的走廊，然而走廊位于房子中间，由于采光不足，更显得阴暗与压迫。观察房子的采光状况，可发现主要开窗都设在前后两面：后面因为邻户关系，开窗较小；而前面因为有个不小的院子，开窗较大，成为内部空间重要的采光来源。因此，将厨房开放，让光线尽量深入；走廊部分则在墙面局部加入透光材料，并使用格栅门来援引光线，使采光可以进入中央的走廊。

改造前

改造后

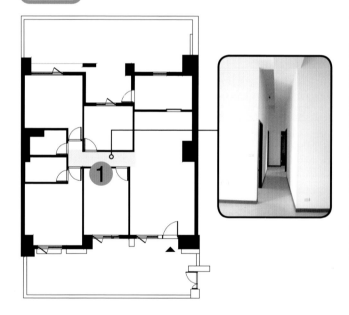

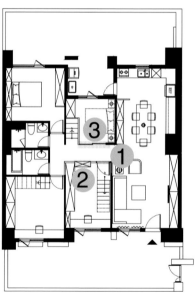

---

 ❶ ▶ 房间过于集中，不可避免地形成阴暗长廊。

 ❶ ▶ 房间与客厅之间的转角以白膜玻璃取代，成为轻透的光盒。

❷ ▶ 在走廊的中段，利用衣柜的深度设计内凹的展示平台与间接照明。

❸ ▶ 以木制格栅门取代实墙，不仅透光，还具有光影变化的趣味。

运用手法 1.2.3 ① ▶ 转角局部光盒 ② ▶ 间接照明 ③ ▶ 透光格栅

1 转角成为轻透的光盒

在房间与客厅之间的转角处，局部墙面以强化白膜玻璃替代，加上同样材质的玻璃门，使转角成为一个轻透的光盒，让客厅与卧室的光线可以照进走廊的前半段。

2 走廊内凹平台安排间接照明

走廊最为阴暗的中间段，儿童房改为衣柜隔断，利用衣柜深度在走廊上设计内凹的展示平台，并结合间接照明，通过内退缓解长廊的压迫感，使得空间在视觉上有放大效果，夜间则形成很有气氛的照明设计。

3 格栅门化解长廊的沉闷感

和室和多功能房以两片格栅滑门取代墙壁，格栅具有透光效果，可略将房间采光援引至过道，另外旨在通过界面改变使行进过程产生趣味性，化解长廊的沉闷感。

 房间退缩让转身空间更舒适

三个房间的出入动线都集中在走廊末端，主客卫浴也都集中在此，因此将儿童房房门退缩，不仅将套房卫浴开放为公共使用，满足弹性需求，且走廊尽头也可以有舒适转身的空间。

■ 空间设计与图片提供 / 德力设计 许宏彰　TEL: 02-2362-6200

2.5 通风采光 天井置入 案例 6 巧妙配房，高效运用有限采光面积

| 面积 ■ 99 平方米 | 屋况 ■ 老房 | 家庭成员 ■ 夫妻 +2 子 | 建筑形式 ■ 单层 | 户型 ■ 四室两厅 + 两卫→三室两厅 + 开放厨房 |

采光面积不足，房间切割零碎，产生大量暗房！

除了前后阳台之外，这个房子只有三面小窗，采光面积严重不足。再加上房子本身的形状不规则，以及内部隔断切割，更造成公共区域零碎、中间区块狭窄，随之而生的阴暗区域也增加了。因此，将房子仅有的三面小窗分配给三个卧室，使每个房间都有自然通风与采光。另外，玄关端景处利用雾面玻璃屏风柜分隔餐厅空间，借助玻璃透光的特性，让柜体灯光提供给餐厅更多光亮。整体公共区域采取零隔断，厨房可以直接连至客厅，让前后采光可以发挥最大效应，照亮暗部区域。

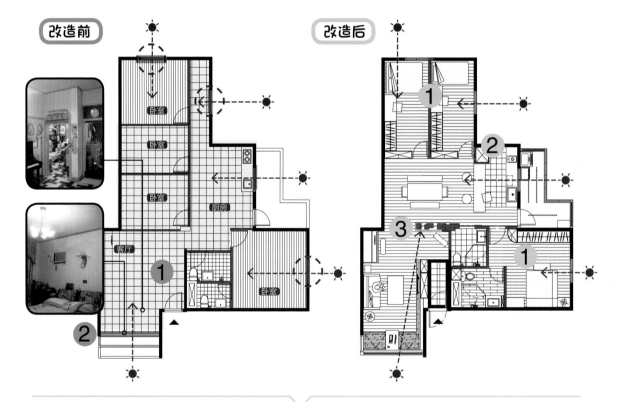

改造前　　改造后

问题 ❶ ▶ 空间不当切割，造成公共区域狭窄，阴暗区域也随之增加了。

❷ ▶ 除了前后阳台之外，全屋只有三扇小窗，采光面积严重不足。

对策 ❶ ▶ 将三面小窗分给三个卧室，让房间拥有良好的采光和通风。

❷ ▶ 利用吧台界定厨房与餐厅，后阳台的光线得以进入。

❸ ▶ 以玄关玻璃屏风柜作为端景与空间界定的素材，且柜体灯光也能作为餐厅光源。

① ▶ 小窗留给卧室　　② ▶ 吧台隔断　　③ ▶ 柜体灯光

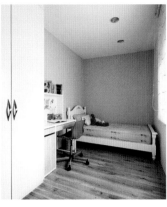

1　依照开窗配置房间

主卧位置不变,将两间浴室空间加大,并与主卧形成完整区块,减少转角。依照窗户位置,将平面左上部空间剖开,将两间儿童房配置方式改为两个并列的长方形,使每一个房间都有自然采光与通风,让公共区域较为完整。

2　木吧台界定空间,又不挡光

餐厅结合书房功能,以屋主亲自挑选的老柚木家具作为吧台,将前后空间结合并形成一个完整的开放区域,让后阳台的光线可以深入,加上来自客厅的采光,使原本中间区块的暗房变成明亮的阅读区。

3　玻璃屏风柜提供光源

玄关和餐厅之间运用玻璃屏风柜加以分隔,柜体灯光也能间接为餐厅提供照明,让空间更明亮。公共区域采取零隔断设计,把公共空间全部打开,厨房可以直接连至客厅,让前后采光可以发挥最大效应,化解空间阴暗无光的窘境。

■ 空间设计与图片提供 / 馥阁设计 黄铃芳　TEL：02-2325-5019

2.5 通风 采光 天井置入

案例 7 大量玻璃隔断 解决一面半弱光条件和暗房窘境

| 面积 ■ 86 平方米 | 屋况 ■ 老房 | 家庭成员 ■ 夫妻 +2 子 | 建筑形式 ■ 单层 | 户型 ■ 四室两厅→两室两厅 + 客房 + 书房 |

整座房子只有卧室最明亮，暗房只能从小窗透进微弱的光亮！

原始四室两厅的户型，阳光最充足的前区分给两间卧室后，往后走，每越过一墙就削弱一层，到了夹在两室之间的小房，靠着用开窗取代隔断墙，免除了伸手不见五指的暗房局面。几乎单面采光的老公寓，可用的光源大受制约，但原有的四室户型却一室也不能少，为的就是满足在家工作、一家四口生活的使用需求。设计时，试着利用可移动的隔断、玻璃、帘子甚至活动式浴镜，取代原来的隔断墙，创造一个引光穿越的空间。室内的夹心暗房规划为客房，可连接公共区，搭配活动式门屏，客房可弹性并入书房，采光、通风、空间感一次升级。

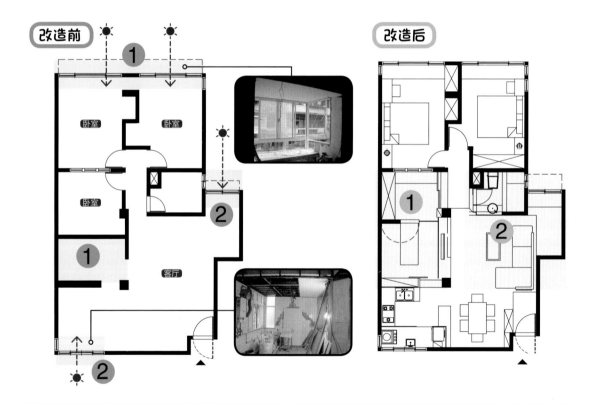

改造前

改造后

问题

❶ ▸ 全屋采光最好的位置在前区的两间卧室，后面的小房成为夹心暗房。

❷ ▸ 后区的半面采光，无法充分支持公共空间的采光需求。

对策

❶ ▸ 将暗房改成客房，与一旁的书房以活动隔屏相隔；利用玻璃隔断与公共空间取得光源共享。

❷ ▸ 为了不浪费侧阳台的微光，特别隔出一小块阅读角落；浴室采用玻璃隔断，使部分光线照进客厅。

运用手法
1.2.3

① ▶ 玻璃隔断　　　② ▶ 弱光充分运用

1　1室变2室，光源共享的玻璃隔断

暗房兼具客房功能，与一旁的书房构成一个整体，利用清透的玻璃隔断，与公共区域取得互动、光源互享，两者之间采用活动隔屏，1室就能拆成2室。在非工作的时间里，打开书房与客房的隔屏，就是小朋友玩耍的区块。另外，在书房与厨房之间开一面玻璃窗、一扇小门，并将厨房的水槽柜面向书房摆放，大人和孩子隔着玻璃就能互动。

2　房子的侧边弱光不浪费

在房子侧阳台架高地板，隔出一小块工作平台，支持沙发区使用，这里同时也是一处安静的阅读休闲角落。浴室开窗小，搭配玻璃隔断的设置，浴室的光亮就能照进客厅。出于全家人使用的考虑，浴室可透明化，浴室里的主墙变成客厅的端景，搭配帘子等，兼顾浴室的私密性。

备忘录

活动式浴镜也能成为隔断
若客厅旁的客浴也是室内的光源之一，不妨将浴室释放出来。浴室内部的组合，特别将浴柜、面盆安排在玻璃隔断一面，加入活动式浴镜。当镜片滑开，整个浴室与客厅通透，浴室里的主墙成为客厅空间的延伸，是人在客厅活动时看得到的一道视觉墙。

■ 空间设计与图片提供 / 尤哒唯建筑师事务所 尤哒唯　TEL：02-2762-0125

2.6
—
收纳计划

分散空间，集中收纳为最高原则。

装修新手最易忽略的成败关键，首推收纳。若没有切实统计物品、拟订收纳计划，随时间日益增加的物品、柜子东添西摆，不知不觉杂物就占据了房子。收纳计划的重点在于计算收纳量，以及决定收纳的类型，诸如哪些是希望收起来看不到的，哪些又是希望展示摆放的，过程中应逐一回想习惯使用的地点，将东西放在对的地方，才能避免日后随手乱摆。

收纳既分散在各个空间，同时又能通过柜体双向或多向运用，使收纳空间有效集中化。同一座柜体可以采用吊柜、地柜、开放柜等组合形式，使柜体有一种以上的功能，例如将玄关柜整合置鞋、置物、旅行纪念品展示、随手放钥匙、书柜等功能。若缺乏大型储物空间，地板下或天花板上也可多加运用，抑或将复式空间下方楼梯间或梯阶等畸零空间，转化成隐藏式收纳柜。

方法 1 超复合墙 > 同一柜体双向或多功能使用

深度决定柜子的收纳属性，以柜体替代墙的隔断方法中，可先想清楚柜子四个面所对的空间需要收纳什么物品，再考虑应该要设定的高度、深度、分割形式，以及是否需要门板等。卧室如果采用柜子隔断，通常会使用衣柜，因为收纳衣物具有吸声效果，可加强隔声。如果是以书架取代墙面，通常建议中间加上隔声棉，加强隔声效果。

图片提供 _ 德力设计（上）+ 馥阁设计（下）

深度	物品	收纳空间
15 厘米	沐浴瓶罐、CD、DVD、文库本、字典	浴室镜柜、书柜
30 厘米	书籍、鞋子	书柜、鞋柜
35 ~ 40 厘米	DVD 播放器、鞋盒	电视柜、鞋柜
45 厘米	音响扩大机（留线材空间）、餐具、烹饪用具	电视柜、餐柜
55 ~ 60 厘米	料理台、衣服、嵌入型电器	橱柜、衣柜、电器柜
88 ~ 90 厘米	棉被类	棉被柜

方法 2 畸零空间活用 > 地板下或天花板上收纳，取代储藏室

缺乏储藏室时，可运用地板下或天花板上的空间规划收纳。若想扣除上下厚度后，还能在空间内舒适站立，建议天花板到地板的距离不要小于 200 厘米；单就只做板下收纳所需空间条件，楼高至少要有 240 厘米才行。最常使用的板下收纳至少需要架高 30 ~ 40 厘米，因为还要扣除板材厚度，就算架高 30 厘米也只剩下 23 厘米可运用了。板下收纳可分为上掀与拉抽两种，以便利性而言，拉抽式比上掀式更方便，原因是地板上通常摆放家具，上掀式收纳使用前需挪动家具，比较麻烦。

图片提供 _ 馥阁设计

方法 3 板下扩充 > 善用楼梯、梁柱下方或畸零区域做收纳

因梁柱或房型产生的畸零区域，深则可以设计为储藏间（柜），浅则可以加上层板作为展示之用。复式或露天房屋的楼梯间深度相当大，通常适合用来设计较大的储藏间，不过也可以依照需求分割成数个柜体，作为衣柜使用。如果楼梯采用木制，梯阶部分甚至可以做成拉抽式，将整座梯体都化为收纳使用。

图片提供 _ 馥阁设计

2.6 收纳计划
双面收纳柜

案例 1 分散预留大型收纳空间，电器不再无家可归

面积 ■ 149 平方米	屋况 ■ 二手房	家庭成员 ■ 夫妻 +2 子	建筑形式 ■ 单层	户型 ■ 五室一厨一厅→三室两厅 + 开放餐厨 + 客房

收纳空间不足，大型物件随处放，儿童房变成大仓库！

原户型未考虑对大型物品的收纳，不仅主卧更衣室、玄关与餐厅的收纳空间略有不足，厨房也缺乏大型收纳空间；此外，半开放的书房规划成兼具客厅功能，有不少的藏书空间，却放不下办公设备，只好将放不下的杂物都堆放在预留的儿童房，让儿童房变成了大仓库。本案变身最关键之处在于对两间卧室进行了很大的动线改变：将用不到的书房打开，部分规划为主卧客厅，减少长廊空间的浪费，让主卧与儿童房的收纳空间得以扩充。同时借助两座大型双面柜满足客厅、书房、主卧的收纳需求；厨房利用餐具柜外加拉门设计，塑造出一个收纳杂物的空间，同时也是用餐空间。

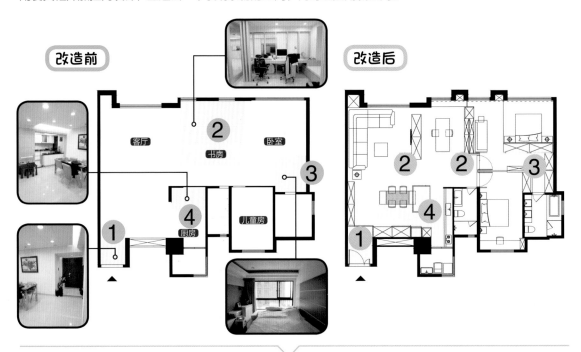

改造前 / 改造后

 问题

① ▸ 玄关空间无法收纳脚踏车，儿童房变为杂物间。

② ▸ 半开放的书房，放不下办公设备，工作不方便。

③ ▸ 主卧被床占满，大型衣柜进不来，衣物收纳空间不足。

④ ▸ 厨房空间有限，电器收纳柜体有限。

 对策

① ▸ 玄关以整面壁柜处理，并加设脚踏车挂杆，让脚踏车不必进到室内。

② ▸ 利用两座大型隔断柜，满足客厅、书房和主卧的收纳需求。

③ ▸ 主卧床铺转向，变出 L 形更衣室，增加衣物收纳量。

④ ▸ 厨房改以开放式设计，工作区向外延伸，得以增加厨房设备。

运用手法
1.2.3

① ▸ 向内争取空间　② ▸ 双面柜隔断　 ▸ 物件转向　 ▸ 厨房工作区向外延伸

1 玄关以整面壁柜处理，解决鞋柜收纳空间不足问题

原本的鞋柜设计深度稍显不足，可容纳的鞋量也不足，经过重新设计后，改以整

面壁柜的方式处理。入门右侧的墙面加设脚踏车挂杆，让脚踏车停在落尘区，再也不需要经过房间放进仓库里了。

2 大型双面柜隔断，满足三个空间的收纳需求

过去使用率低的书房，一部分空间让给了主卧，借助于大型双面柜隔断，书房不仅能容纳一家三口拥有的大量书籍，主卧也多了多功能收纳柜。空间中央设置二合一的电视柜，背面规划了小型工作区，所有视听设备、工作设备全部收纳于此，方便集中管理。

3 床铺转向，变出 L 形更衣室

原本主卧里床的摆放位置朝向书房，为了预留过道，更衣室只能设计成双一字形。设计师将床位改为朝向窗户，使更衣室变成 L 形，增加了收纳容量，且部分规划为主卧客厅。

4 厨房工作区往外开放延伸，多出收纳空间

过去电器柜空间有限，不少电器设备放不下。将厨房改为开放式后，料理台拉长，备餐区变得更宽敞，也增加了上下柜收纳空间；沿着玄关旁的墙面利用餐具柜与双面滑门设计，达到快速整理的效果。当使用餐厅空间时，滑门可遮住玄关，营造良好的用餐氛围。

■ 空间设计与图片提供 / 德力设计 许宏彰　TEL：02-2362-6200

2.6 收纳计划 双面收纳柜 | 案例 2 | 活用双面柜，衣物收纳一次到位

| 面积 ■ 99 平方米 | 屋况 ■ 新房 | 家庭成员 ■ 夫妻 +2 子 | 建筑形式 ■ 单层 | 户型 ■ 三室两厅 + 一厨 + 两卫→两室两厅 + 一厨 + 两卫 + 共读书房 |

更衣室超占空间，两间儿童房只能硬塞进床和衣柜！

习惯国外生活的屋主夫妻，希望房子可以具有独立的伴读空间，类似全家人共处的客厅。原始户型设定为一大房两小房，若要多出书房就会挤压到公共空间；而受限于主卧更衣间，两间儿童房都不大，若是硬把一个房间让出来做书房，则会造成两个孩子共享一间儿童房，空间利用便显得局促无比。整体变动最大的区域是主卧更衣室，这对夫妻宁可放弃独立的更衣室，也要为两个孩子换来可一起共享的大空间。设计师将餐厅、主卧、儿童房三个空间中允许拆的墙全部拆除，以柜体重新界定，运用双向使用方法，满足各空间的收纳需求。

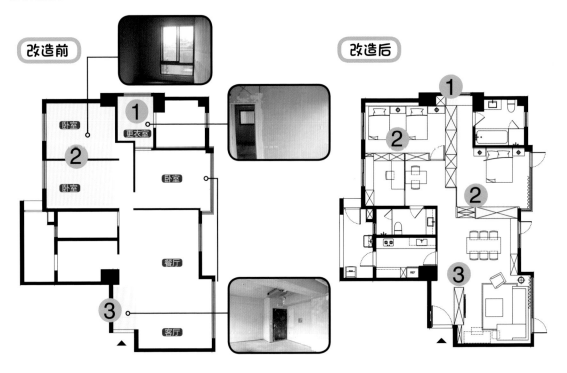

改造前

改造后

问题 ❶ ▸ 更衣室卡在主卧与儿童房之间，压缩了主卧与儿童房的收纳空间。

❷ ▸ 若一间儿童房改为共读空间，另一间儿童房则无法同时摆放双人衣柜和床铺。

❸ ▸ 玄关短又窄，难以发挥收纳功能。

对策 ❶ ▸ 将更衣室的墙面拆除，改以利用双面衣柜隔断，加大儿童房面积。

❷ ▸ 拆除儿童房之间、主卧与餐厅之间的墙面，借助双面柜实现收纳功能。

❸ ▸ 为了不让沙发或电视墙阻碍与餐厅的交流互动，将电视墙与鞋柜合而为一。

运用手法 1.2.3　① ▸ 双向柜　② ▸ 梁下柜　③ ▸ 鞋柜背面变电视墙

1 连续衣柜双向使用

主卧不需要更衣室，畸零墙面拆除后，将界线往主卧内退，利用衣柜隔断，使儿童房空间加大，可供两个孩子共同使用，而凸出儿童房外的衣柜则分给主卧使用。主卧使用横拉门，平时维持开放，门板可兼作衣柜的柜门。

2 以柜为墙，梁下柜隔断活用

主卧与餐厅的墙面拆除，顺着主卧与餐厅中间的大梁，在梁下设计衣柜兼作隔断。因为屋主希望餐厅有个边柜，考虑展示柜不需太深，所以保留一小段立面，设计成可双向使用的展示柜。儿童房与书房同样拆除实墙，采用双面柜隔断，并配置书架、预留网线位置与插座。因书桌阻隔而不好拿取物品的位置，就设计成儿童房的玩具展示柜。

3 鞋柜背面变身，与电视墙共用

电视墙的配置决定沙发区与餐厅的关联性，为了不让电视墙阻隔餐厅或让沙发背对餐厅，将鞋柜背面变身为电视墙，并运用双向方法，将不好拿取鞋子的低矮位置设计为客厅使用的视听设备柜。

■ 空间设计与图片提供/德力设计 许宏彰　TEL：02-2362-6200

2.6 收纳计划
双面收纳柜
案例 3

滑柜双倍扩充，内藏书、外陈列

| 面积 ■ 99 平方米 | 屋况 ■ 新房 | 家庭成员 ■ 一人 | 建筑形式 ■ 单层 | 户型 ■ 两室两厅 + 和室 + 厨房 + 两卫→一室 两厅 + 和室 + 书房 + 厨房 + 两卫 |

主墙过短、和室狭小，客厅、餐厅及玄关皆缺乏收纳设计！

原空间玄关缺乏鞋柜、更衣室不好使用，厨房空间也相当有限，必须在餐厅增加餐柜等，收纳功能必须重新规划。此外，还有和室狭小、采光不足的缺点，而客厅因为两侧卧室门的关系，左右两面墙完整性不足，电视墙没有恰当的位置可放。考虑到预算，屋主希望不要改动户型，尤其是厨房与卫生间。在这个三等分式的户型里，玄关、餐厅、客厅注定会排列在一条动线上，考虑到采光需要，设计师将收纳往墙靠，沿着动线设计多样化收纳柜，加上双重拉柜、墙柜合一的做法，让小空间也可以收纳得整齐又漂亮。

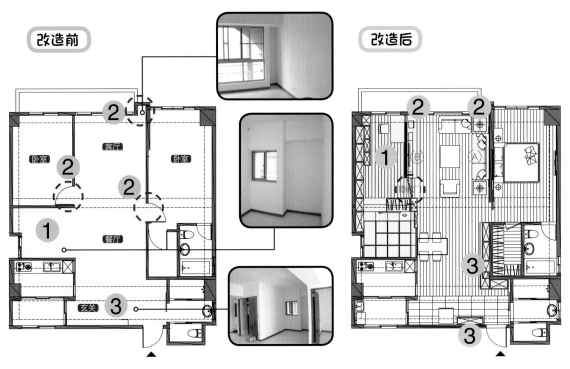

改造前 / 改造后

 问题

❶ ▶ 和室采光较阴暗，平时用得少，但因面积有限，也无法改做餐厅。

❷ ▶ 客厅有畸零壁凹，且因卧室门的关系，两侧墙壁都不足以做主墙。

❸ ▶ 玄关所占区域大，且缺乏鞋柜收纳。

 对策

❶ ▶ 将隔断墙移位，使和室与书房互为延伸。

❷ ▶ 利用暗门、CD 架，打造完整的电视主墙。

❸ ▶ 玄关鞋柜与餐柜沿墙设计，既满足功能需求又不影响空间整体感。

1 动线转向，用双层滑柜收纳

重新定义和室隔断，出入动线转向后，将和室视为书房的延伸。除了借助架高地板下方增加储物空间外，因梁下畸零空间的深度足够，因此将书柜设计为双层式，使用滑轨左右移动达到灵活取物的效果。此外，前后空间利用衣柜与雾玻璃滑门隔断，读书累了可小歇，老人来访也可作为客房。

2 暗门与 CD 架打造趣味主墙

因为外墙凸出畸零一角，客厅的沙发在Ⓐ处比在Ⓑ处的视野好，但为了解决房间门打断立面，造成电视墙长度不足的问题，设计师将书房门设计成暗门，延伸为主墙的一部分，加上和室墙局部跳脱设计为 CD 架，形成不对称的趣味主墙，收纳之余还具有采光效果。

3 转个弯，玄关柜连接餐柜

玄关如果用"隔"的方式去思考，容易使空间变得更加零碎。因此，设计师将玄关收纳沿着墙面和动线配置，鞋柜设计为上下两层，转折到餐厅则变成餐柜，中间平台兼具收纳、展示等功能。如此一来，也能让玄关空间成为餐厅的延伸。

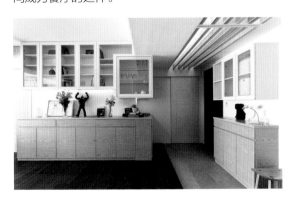

备忘录 鞋柜位置错误所造成的空间浪费

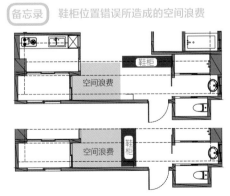

■ 空间设计与图片提供 / 匡泽空间设计 黄睦杰 TEL：02-2751-8477

2.6 收纳计划 双面收纳柜

案例 4 一柜多元化，死角也能大运用

| 面积 ■ 76 平方米 | 屋况 ■ 二手房 | 家庭成员 ■ 夫妻 +1 子、1 女 | 建筑形式 ■ 单层 | 户型 ■ 两室两厅 + 两卫→ 三室两厅 + 两卫 + 储藏间 |

玄关无法收纳鞋子，收藏品没处摆放，重点是还缺一个房间！

原始户型面临的最迫切的问题是，原本共享一个房间的男、女生分别已就读大学、高中，却仍然睡上下铺，没有隐私空间。此外，屋主一家在这里生活了很长的时间，女主人的鞋子散落在玄关，男主人收藏的茶壶只能一箱箱堆在阳台，拥塞的情况让屋主陷于换房还是装修的两难境地。由于房型关系，原始公共空间（客厅、餐厅）感觉像被切掉一半。于是，将公共区域与房间变更为左右配置，将三个房间放在较长的采光面上，并大量运用双（多）面柜方法，满足不同空间的收纳与功能需求。

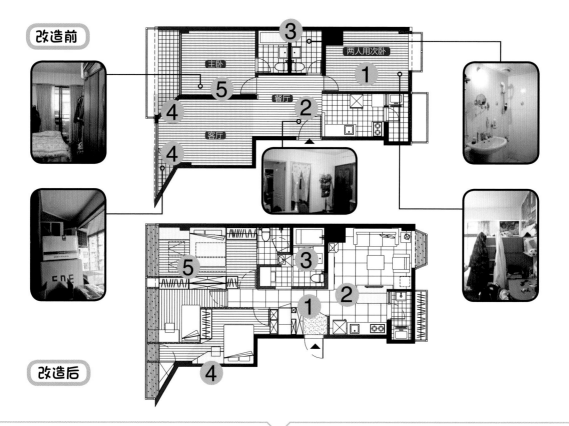

改造前

改造后

 问题

❶ ▸ 分别就读高中和大学的男、女生共享一个房间。

❷ ▸ 入门玄关看穿餐厅，且堆满鞋子。

❸ ▸ 卫浴很狭小，无法做到干湿分离，更无收纳功能。

❹ ▸ 阳台的畸零角落，堆满男主人的收藏品。

❺ ▸ 原本两室必须挤出三室。

 对策

❶ ▸ 玄关柜转角处设计展示柜，并延伸至客厅做拉门柜。

❷ ▸ 吧台与电视墙结合，同时具备视听与厨房收纳功能。

❸ ▸ 两间浴室同时加大，并使用可三向运用的成品柜。

❹ ▸ 以斜角方法在男孩房的单人过道上嵌入书柜。

❺ ▸ 主卧和女孩房之间使用双面柜，节省 7 ～ 8 厘米的墙厚。

运用手法
1.2.3

① ▶ 转角展示柜　② ▶ 吧台结合电视墙　③ ▶ 三向柜　④ ▶ 活用畸零空间　⑤ ▶ 节省墙厚度

1 收藏品从玄关开始展出

玄关左侧集中收纳区块，结合玄关鞋柜、储藏室与男孩房的衣柜，并在柜子转角处为男主人设计了展示柜，其多年珍藏的茶壶终于有了舞台。顺着动线进到客厅，侧墙也用层板与造型滑门设计了茶壶展示柜，滑门的用意在于隐藏尚待整理的区域，以及借助推拉就能达到变换空间呈现效果的作用。

2 吧台结合多功能电视墙

因卧室重新配置，客、餐厅挪至右半部，大门开法也随之改向，使走进屋内的视线可以顺势看到客厅窗外的绿景。厨房的位置没有变动，只将低矮的吧台结合电视墙，用以分隔空间，此外也结合了 CD 音响收纳、照片展示柜与锅具收纳的功能。

3 加大浴室，置入三面用柜体

原来的浴室狭小不好使用，将浴室空间推出来，使两间浴室都能干湿分离，客浴的干区可当作梳妆室，可在洗完澡吹头发或女儿梳洗化妆时使用；而两间浴室中间的成品柜使用防水板材做三向运用，作为主浴的洗手台与客浴的毛巾柜。

4 斜角手法将走道与书房结合

为了让男孩房与女孩房都有采光，房间设计为类似两个嵌合的 L 形，并将男孩房的单人过道赋予书房功能。利用桌板与衣柜的斜角对应，让最窄区也能保持顺畅的动线。而衣柜的畸零处则巧妙地化身为书柜，转身就可拿取书籍。阳台三角形的畸零空间作为男孩房专用的储藏室，采用暗门方式隐藏。

5 运用双面柜，节省 7 ~ 8 厘米墙厚

房子左半部必须规划出主卧和两个次卧，为避免浪费空间，将衣柜的前后板当作轻隔断的前后板，衣物就相当于隔声棉。主卧与女孩房采用双面柜方式隔断，节省 7 ~ 8 厘米墙厚；而主卧结合电视机与展示的收纳柜，功能庞大、造型优美。

备忘录 1

板下收纳活用（侧向）

将主卧地板架高 40 厘米，侧向做了两个较深的抽屉，方便拉开拿取衣物。做两个抽屉的原因是当打开其中一个时，还可利用另一个没开的空间来整理物品。

备忘录 2

板下收纳活用（上掀）

利用地板架高，将凸窗离地 75 厘米的平台变成了卧榻，并结合书桌设计。对应书桌的区域，地板局部做下凹处理，使书桌处可以舒适地放脚、久坐。中间的地板区则采取上掀式收纳。

■ 空间设计与图片提供 / 馥阁设计 黄铃芳　TEL：02-2325-5019

2.6 收纳计划 双面收纳柜

案例 5

储柜填补壁凹，修饰、收纳一次搞定

面积 ■ 100 平方米	屋况 ■ 新房	家庭成员 ■ 夫妻 +2 子	建筑形式 ■ 单层	户型 ■ 四室两厅 + 两卫 + 厨房→三室两厅 + 厨房 + 半开放书房 + 两卫

脚踏车与钢琴，令人头痛的大型物件总是没处藏！

这对夫妻拥有一对活泼的小朋友，在沟通时得知，他们以孩子成长为诉求，期待能妥善收纳孩子的玩具、脚踏车与钢琴，再加上屋主从事电子商务行业，必须有足够的储藏间分类收纳货物，因此在设计书房、餐厅、客厅时，不仅要从功能角度出发，更要让两人可以随时留意孩子的状态，打造大人、小孩都能安心居住的家。原有的户型玄关与预设的餐厅没有清楚的分界，而打算当成书房的空间也较封闭，屋主在里面工作时不容易察觉孩子的动静。在本案中，设计师通过设置收纳柜一举两得地完成空间分配，并打开书房，形成餐厅与书房高度互动的共享空间。

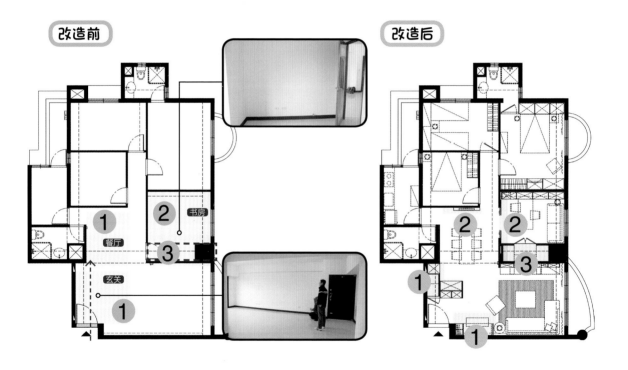

改造前　　改造后

问题

❶ ▸ 餐厅与玄关界线不明，缺乏鞋柜、餐柜等收纳设施，大型脚踏车也没地方停。

❷ ▸ 书房空间较封闭，屋主工作时无法留意孩子的动向。

❸ ▸ 书房有根突兀的大柱子，门口的位置很难运用。

对策

❶ ▸ 利用管道间凸出墙面，设计 L 形柜体，内部多重分割做多向多元收纳。

❷ ▸ 书房和餐厅用滑门区隔，保持高度互动。

❸ ▸ 书房柱子旁增加储藏柜，方便收纳。

① ▸ 柜体界定
 ② ▸ 活动拉门
 ③ ▸ 畸零空间活用

1 三柜一体兼界定空间

将鞋柜、脚踏车储藏室与备餐柜集中于一体，鞋柜可作为玄关与餐厅的清楚分界，而隐藏后方的是备餐台，常用的热水瓶等电器可一并收纳其中。将钢琴收纳与衣帽柜整合，木制墙可活动拆卸，以应对将来换置较大的钢琴。

2 滑门隔断，餐厅与书房连接

书房使用滑门与餐厅分隔，使用率偏低的餐桌也能适时转化为书桌。餐桌旁的电视机嵌入墙面以节省空间，当大人在书房工作时，小孩在此画画、学习、观赏影片，能随时保持互动。

3 畸零空间变身储藏室

书房重新调整开口后，设计师利用大柱子旁的畸零空间设计储藏室或储藏柜，供屋主分类收纳商品，门采用外开式，可避免门的回旋空间占用储藏空间。

■ 空间设计与图片提供／演拓空间室内设计 张德良、殷崇渊　TEL：02-2766-2589

2.6 收纳计划 双面收纳柜

案例 6

衣柜代替楼梯，复式空间下方全是收纳区

面积 ■ 83 平方米	屋况 ■ 期房	家庭成员 ■ 夫妻 +2 女	建筑形式 ■ 单层	户型 ■ 三室两厅 + 两卫→三室两厅 + 开放书房 + 夹层 + 两卫

看似漂亮的三室户型，潜藏着收纳空间过小的危机

这是一间预售的房子，原始的格局规划了相当大的开放厨房，设想可以将餐桌摆在厨房内，不过这个空间其实并不足以容纳用餐空间，也容易影响工作动线。另外，三间卧室的空间都很有限，主卧的衣帽间相当小，而姐姐的房间更显局促，于是设计师在后期优化时就介入了户型的变动。

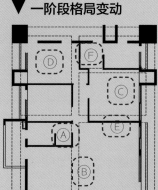

📍 利用客变，进行第一阶段格局变动

❶ ▶ 因为有客厕外洗手台（Ⓐ处），使餐桌位置（Ⓑ处）正对着玄关，并影响玄关与阳台的进出动线。因此，移除客厕的外洗手台。

❷ ▶ 将主卧（Ⓒ处）和次卧（Ⓓ处）对调，房门的位置也做了调整。

❸ ▶ Ⓔ处的墙面只做局部，预留日后使用。

❹ ▶ Ⓕ处往内退缩，为主卧更衣室预留空间。

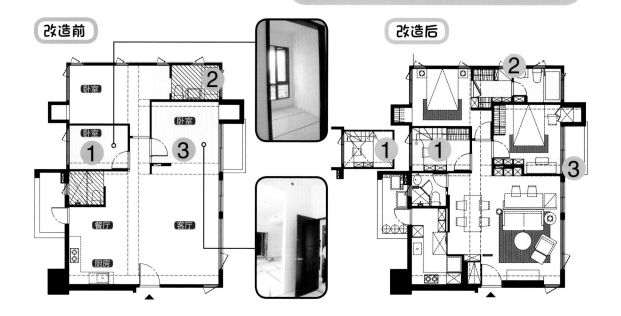

改造前 / **改造后**

问题

❶ ▶ 姐姐的房间很小，无法放入衣柜、书桌与床。

❷ ▶ 主卧卫浴的马桶挡住动线，使用不便。

❸ ▶ 次卧优化时只做局部，需要再做规划。

对策

❶ ▶ 姐姐的房间改为双层，将寝区上移，下方设计衣柜。

❷ ▶ 调整主浴配置，使门可以内开，并通过收纳柜将浴室与衣帽间连成一体。

❸ ▶ 双面柜与凹凸墙组合运用，完美收纳钢琴与书籍。

运用手法 1.2.3

① ▶ 复层手法 ② ▶ 更衣室结合卫浴 ③ ▶ 双面柜 + 凹凸墙

1 采用复式手法，床榻与衣柜合一

姐姐的房间很小，进门的过道两侧分别是衣柜与书柜，将书桌与书柜一体设计，大幅减少占用面积。运用复式手法将床移到上方，阶梯下方全设计为抽屉，变成衣柜的一部分。

3 计算墙差，钢琴不凸出占位

妹妹房间的墙面设定 40 ~ 50 厘米落差，加上书柜深度，直立钢琴恰可分毫不差地放入。客厅以钢琴烤漆的白色矮墙界定出书房区，墙面预先埋入回路，电脑主机可与投影设备连接，让书房随时变身为家中的娱乐中控台。

2 浴室门调整，衣帽间双倍扩充

调整主卧浴室马桶、洗手台的位置，消除原本马桶挡住动线的缺点，让浴室门的开启方式更顺手。让衣帽间从单一字形变成高收纳量的双一字形，同时让卫生间多出收纳柜的功能。

■ 空间设计与图片提供 / 演拓空间室内设计 张德良、殷崇渊　TEL: 02-2766-2589

2.7

娱乐休闲

在阳台或行走动线上，创造度假小空间。

户型除了讨论功能性之外，气氛的营造也是一大重点。经过妥善设计的行走空间，以及可与室内呼应的绿化阳台，或者在小空间内创造出舒服的视觉感受，都是让家更赏心悦目的设计方法。

许多人总以为走廊是无可奈何的浪费空间，其实动线与其周边景色的安排，可让走廊从无聊的行走空间，变成人见人爱的休憩空间。连续房间组成的长廊总让人感觉窒息，但如果将动线会合处的空间稍微放大，加入窗、边桌、装饰艺术品等端景，或者在走廊两侧安排展示柜、书架，一边走一边玩味欣赏，制造停下脚步来欣赏、谈天的缓冲点，可以消除封闭狭长的沉闷感觉，也使空间气氛更显活络。甚至可利用房间局部开放的方法，将靠窗处连接成一条散步小径，是不是也很美好？

此外，阳台也是家中营造气氛的空间。阳台不应只是用来洗衣、晒衣的凌乱后台，而应是放松享乐与经营兴趣的好地方。家里如果有两个阳台最好了，一个用以工作，一个用以娱乐。如果仅有一个阳台，又能接受使用洗烘衣机，不妨将机器设备藏在室内柜里，把阳台当成小花园、小菜圃，或设一张吊床吹风赏景，不须等到连续假期，平常在家就能小度假一番。

方法 1 **视野延伸** 开放式空间，让视线畅通无阻

在有限的都市住宅内，我们都希望空间视野越宽广越好，通常可通过空间开放、玻璃墙应用，让空间与空间、室内与室外能借助视线穿透产生连接，使空间的封闭感消失，达到放大空间的效果。

图片提供_逸乔设计（左图）、将作空间设计与张成一建筑师事务所（右图）

方法 2 **造景阳台** 模糊室内外边界，引景入室

阳台除了利用落地窗增强视线穿透性外，还可以利用室内与室外材料的连续来模糊边际，产生引景入室、空间向外延伸的效果。此外，阳台还可造景美化，成为与自然接触的空间，比如在女儿墙加装折叠桌，作为手作或园艺等的趣味空间，在户外风景陪伴下心情会更加愉悦，同时具有易清理的优点！

图片提供_德力设计（左图）、馥阁设计（右图）

2.7 娱乐休闲 视野延伸

案例 1

高低桌相连，拉开客厅最大尺度

面积 ■ 144 平方米	屋况 ■ 新房	家庭成员 ■ 夫妻+1子	建筑形式 ■ 单层	户型 ■ 三室两厅 + 三卫→两室两厅 + 三卫 + 开放书房

> **孩子长大了，不能再窝在小次卧，不如减一间房来换取更衣室！**

原始户型的玄关已经预留鞋柜空间，并且妥善配置客卫，厨房空间也相当宽敞。房屋最大的特点是，三个卧室集中在空间左半部，公共空间呈宽敞的长方形，经由狭长的玄关进来，给人豁然开朗的舒适感觉。这个房子的居住成员不复杂，只有夫妻与儿子同住，因此并不需要第三个卧室。

此外，儿子年纪已不小，不久即将升入大学，因此想将次卧规划成套房，拥有专属的起居空间与卫浴。整体设计的重点，将放在卧室调整，以及如何在公共空间妥善设计书房与餐厅上面，同时避免失去宽敞感。

问题

❶ ▶ 居住成员只有夫妻加儿子，三室多出一室。

❷ ▶ 扣除过道，主卧衣帽间的收纳量不足。

❸ ▶ 公共空间要容纳客厅、餐厅与书房功能。

对策

❶ ▶ 多出来的卧室分给主卧和次卧使用，主卧因此多出更衣室。

❷ ▶ 次卧移除门，将卫浴顺势纳入，形成完整的套房。

❸ ▶ 不另设书房，而是架高地板并与餐桌结合，合并书房与餐厅功能。

改造前

改造后

...

 ① ▶ 减少房间数　　② ▶ 巧用壁凹设置阅读区　　③ ▶ 高低桌相连

1 三室变两室，多出主卧更衣间

多出来的房间若当成书房，感觉太过封闭，且主卧衣帽收纳量原本就不足，索性将多出的房间一分为二，分给次卧与主卧使用，同时也达到分隔空间的效果。

2 依光线设置阅读区

主卧衣柜深度采用渐进式阶梯设计，目的就是将窗户一分为二，分给次卧使用。次卧利用新增采光与壁凹，增加桌面，成为阅读桌与梳妆台。

窗户分割

3 高低双桌相连，扣紧前后空间

由于屋主一家平时较少聚在餐桌吃饭，厨房的吧台即能供日常使用。若书房采取独立式设计，整体空间会被切割得太零散，于是设计师以抬高两阶的木地板作为暗示，利用两张桌子（餐桌与书桌）串联，让区域与区域之间紧密相连。

备忘录　高低双桌相连的设计秘诀

餐桌高度为75厘米，扣除书房架高的两阶高度（各16厘米），就是书桌所需要的高度：75-16×2=43厘米，再依照桌高定制所需要的椅子。

43厘米
32厘米
75厘米

■ 空间设计与图片提供/演拓空间室内设计 张德良、殷崇渊　TEL: 02-2766-2589

2.7 娱乐休闲 视野延伸　案例 2　电视墙减缩如壁炉，不遮挡大窗绵延风景

| 面积 ■ 99 平方米 | 屋况 ■ 二手房 | 家庭成员 ■ 单身 | 建筑形式 ■ 单层 | 户型 ■ 两室两厅 + 两卫→一室两厅 + 一更衣室 + 两卫 |

制式的户型配置，让大好的河岸景观硬生生被隔墙中断！

这座房子的房龄大约 6 年，前一任屋主保留了原户型的基本配置，新任屋主因为是单身，生活需求极富弹性，不需要受限于 3 房 2 厅的配置。设计师在观测房屋时发现，这座房子位于边间，三面都有良好的自然光，其中有一侧还能看到漂亮的河景，这一点是否可以充分利用呢？把分散的卫生间集中在同一位置，用马蹄形概念去配置空间，将公共区域放在开放的 L 形带上，私人区域放在 I 形带上，两者之间使用穿透接口分隔。此外，将电视墙减为壁炉大小，显现出连续窗面，将整个空间的主题放在风景上，卧室也加入植物墙设计，让绿意无处不在。

问题

❶ ▶ 可以看见河景的两扇大窗被墙隔开，餐厅、厨房位于空间角落，看不到风景。

❷ ▶ 不需要客房，两间卧室可去除一间。

对策

❶ ▶ 拆除两扇大窗之间的墙面，将餐厅和厨房挪出，让居家活动皆有河景相伴。

❷ ▶ 客卫移至主浴位置，将客厅、睡房、更衣室整合在 I 形上，私人空间便利而完整。

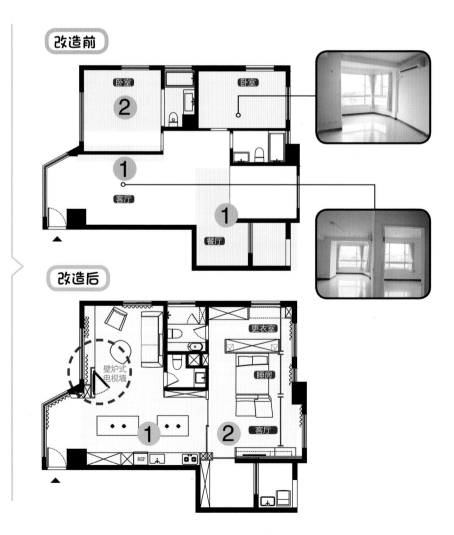

改造前

改造后

运用手法 1.2.3 ① ▶ 拆墙显现连续窗　② ▶ 多个空间整合在I形上

1　客餐厨空间共享河岸美景

拿掉两大窗景中间的墙面，将厨房、餐厅与客厅配置在L形的开放区域，电视墙采用类似壁炉的方式处理，消除了窗户转折的突兀，形成无障碍的赏景区。电视机安装可转向的壁挂架，可供客厅与餐厅使用。

2　私人区域整合在I形带，空间更开阔

客卫移动到主浴位置，两间卫生间重新设定编排，将睡房、客厅与更衣室三合一，设计在I字形的开放空间内，而公共区域与私人区域则以强化玻璃搭配滑门窗帘加以分隔，让整个空间更富穿透感，也间接地加强整个空间的开阔感，让人不由得放松下来。

备忘录　植物墙挂画成为卧室风景

卧室以一道绿墙分隔，墙的背面同时也是衣柜，两侧皆可通往后方更衣室。屋主希望在卧室也能看到风景，因此植入植物墙概念，让有生命力的挂画将墙化为垂直的花园。

■ 空间设计与图片提供 / 德力设计 许宏彰　TEL: 02-2362-6200

2.7 娱乐休闲 视野延伸

案例 3

一张桌子串联室内外，花园用餐不是梦

| 面积 ■99平方米 | 屋况 ■新房 | 家庭成员 ■夫妻+1子 | 建筑形式 ■单层 | 户型 ■三室两厅 + 一卫→两室两厅 + 一书房 + 两卫 |

餐厅和厨房躲在空间角落，难以使用，又看不到大好窗景！

这个新房原本配置了一个阳台，可以从客厅与次卧进出，让两个空间都能使用。因为屋主只需要一个主卧和一个儿童房，阳台边的房间可以不必作为卧室。如果能把位于角落的阴暗厨房与餐厅挪个好位置，也许这个阳台会是一个串联室外与室内的三次元空间。于是，将厨房移到外面的位置，以二合一冰箱和鞋柜界定玄关；餐厅与书房合并后，利用吧台、矮柜将整个公共空间连成一个大区域。即便是在最深处的厨房的位置，视野范围也可收入三大片连续的窗景。再通过一张长桌穿透阳台内外，使室内与室外互连，当壁面漆上稻穗色彩，整个空间就如同密封罐般，将屋主喜爱的阳光下午茶时光保存起来。

问题

① ▸ 屋主希望保留主卧和儿童房，次卧空间变得多余。

② ▸ 厨房塞在角落的小空间内，狭窄难以使用；因为大梁的关系，餐厅又暗又有压迫感。

对策

① ▸ 次卧改为书房，利用书桌兼餐桌的形式，将空间整合成公共区域。

② ▸ 将角落的小厨房外移，利用吧台与客厅相隔，还可收入大片窗外景色。

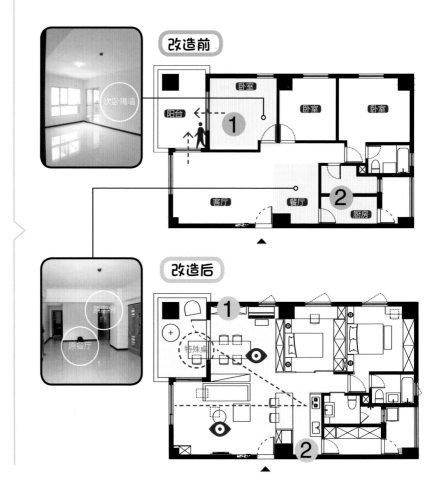

提示

运用手法
1.2.3

① ▸ 空间整并　　② ▸ 矮柜界定　　③ ▸ 玻璃界面

1 客厅与书房（餐厅）二合一

释放不需要的次卧空间，让客厅与书房（兼餐厅）二合一，空间整合成一个公共区域。书房与客厅仅以地面上的变化来界定，例如加一只矮柜相隔，维持宽敞的视觉感受。

备忘录

穿过玻璃窗的桌子，将室内外合而为一

将书桌（餐桌）的钢刷铁刀木以铁件强化，一路延伸出去至阳台，中间穿过强化清玻璃落地窗，制造室内与室外合而为一的效果。一家人在这里用餐也能欣赏到远山天际的风景，阳台变成享受下午茶的秘密花园。

2 厨房外移，收入大片户外窗景

将厨房移到外面的位置，以冰箱、鞋柜作为玄关空间。厨房的视野范围可收入三大片连续的窗景，厨房与客厅之间以吧台来界定，可以在此享用轻食或早餐，并享受窗外的美景。

■ 空间设计与图片提供 / 德力设计 许宏彰　TEL：02-2362-6200

2.8

___

空　间
心理学

用符合心理感受的
设计，打造温馨的
休憩港湾。

　这里的空间心理学就是以建筑工法、使用
心理、安全、动线等方面作为出发点，把
空间规划成可以给居住者带来美好心理感
受的地方。

随着家居设备现代化与使用者生活方式的
改变，人们对于心理感受的追求越来越高，
而居住空间的尺寸与比例、家具与色调、
动线与功能对居住者的心理和精神都有着
重要的影响和调节作用。因此，各空间比
例和布局的不同，不但关系到实际使用时
便捷与否，还能使居住者获得不同的心理
感受。合适的空间规划可以给居住者宁静、
舒适的心理感受，使其忘却工作的烦恼，
尽情体会生活的美好。

方法 1 **渐进缓冲** 利用隔屏，塑造视觉缓冲

环岛是都市的玄关，其用途在于使穿流的车辆减速，安全地交汇分流，而居室中玄关的用途也是如此。玄关可不囿于墙（柜）体，举例来说，酒店大堂里，玄关有另一种表现方式，如正对迎宾门的大型雕塑、边桌与花饰等，可在开门瞬间成为视觉焦点，用意是为了缓解人们进入空间的急躁感，让视觉有层次地向内探寻，心情逐渐获得舒缓。居室空间可利用灯光、挂帘、隔屏等塑造缓冲带，在无形中划分出区域感，也能营造出内外层次。

图片提供_成舍设计（左图）、尤哒唯建筑师事务所（右图）

方法 2 **消除压迫感** 转变梁体的形式，消除压迫感

还有一种容易给人心理上造成不适感的形式是梁体，即人们经常坐卧的地方如沙发、茶几或床的上方，正好是横梁，一抬头就看到这种梁容易使人产生压迫感，精神上得不到更好的放松。如果家里有这种梁，建议利用边柜、衣柜等方式化梁为柜，或使用跳色、间接灯光方式弱化其量体，不得已再使用平封方式进行处理；而横亘客餐厅的大梁则可以利用增加复梁的方式，以造型方法转移视觉焦点。

图片提供_ SW Design 思为设计（左图）、将作空间设计与张成一建筑师事务所（右图）

2.8 空间心理学 渐进缓冲

案例 1 大门避开楼梯，保护居室私密

| 面积 ■ 83 平方米 | 屋况 ■ 二手房 | 家庭成员 ■ 夫妻 | 建筑形式 ■ 单层 | 户型 ■ 三室两厅 + 一和室→两室两厅 + 一书房 + 一更衣室 |

大门位置正对楼梯间，进门又对窗，影响居室的私密性！

这是一个 83 平方米左右的房子，屋主是一对准备结婚的年轻夫妻，他们希望设计师在设计时，能首先考虑两人的需求，但得预留出第二个房间，作为将来的儿童房或客房使用。原始户型的最大问题在于大门位置不佳，开门即正对楼梯，一开门好似整个家都暴露在外，缺乏安全感，但是增加玄关后，又怕破坏空间的完整性。屋主希望能解决上述问题，并希望拥有一个美国中西部家庭常见的开放大厨房，以及合并书房、更衣室的大主卧，营造出家人亲密相伴的感觉。

改造前　　　　改造后

 问题

① ▶ 大门位置不佳，正对楼梯间，开关门时家中隐私极易暴露且有失窃等安全隐患。

② ▶ 玄关狭窄，若是让出鞋柜位置，便会破坏客厅的完整性。

③ ▶ 书房位于角落，显得封闭难以互动。

 对策

① ▶ 大门移位，保留客厅完整性，并打造玄关空间。

② ▶ 大门转向打造玄关空间之后，出现开门见灶的不雅景象，于是用假墙相隔，并创造出自由进出两厅的便利动线。

③ ▶ 拆除书房墙面，改用两个衣柜，界定出更衣室、书房与主卧空间。

1 大门移位，解决隐私暴露问题

将大门位移，出入时不再有被上下楼梯的人看到的问题。新的大门入口，以穿鞋椅结合假墙塑造出双动线玄关，兼作客厅与餐厅的衔接要道；而原始大门的门洞以玄关柜封起，以便日后有需要时复原。因玄关柜高且深，所以设计为高身侧拉柜，方便拿取物品，并满足屋主夫妻的置鞋需求。

原大门

2 玄关假墙营造美好景致

取消用不到的和室空间，使玄关右边整个区块变成餐厨合一的大空间，玄关假墙化解了开门见灶的不雅景象，同时以系统厨具完美搭配。厨房利用吧台做半开放隔断，使烹饪者在厨房内忙碌时，也能与其他空间的人互动。

3 衣柜替代墙体，划分亲密空间

男、女主人需要有独立的读书与工作空间，但同时又希望两间书房不要太过疏离，于是提议将书房并入主卧。设计师取消原来的隔断墙，以两座衣柜替代墙面，在大卧室中划分出读书区、更衣室（兼书房）、睡眠区，让家人彼此陪伴，一方需要熬夜工作时，也不至于感到孤独。

■ 空间设计与图片提供 / 馥阁设计 黄铃芳 TEL：02-2325-5019

2.8 空间心理学 渐进缓冲　案例 2　弧形玄关采用艺廊概念，化解进门视线的突兀感

| 面积 ■ 139 平方米 | 屋况 ■ 新房 | 家庭成员 ■ 夫妻 +1 子、1 女 | 建筑形式 ■ 单层 | 户型 ■ 三室两厅 + 两卫→ 三室两厅 + 两卫 + 一书房 |

从玄关能直接看到客、餐厅，缺乏内外缓冲，生活隐私大曝光！

原始户型的最大缺点是玄关正对落地窗，没有视觉缓冲。同时，这个空间的玄关与餐厅存在界线不明的问题，进门处紧靠餐厅，而餐厅的深度也不是很理想，大部分的空间被过道占用了，使用上相当不便。再加上厨房太小，冰箱只能摆在外面，客人一进门就面对如此"坦荡荡"的生活情景，仿佛整个空间都"走光"了。另外，走廊的尽头聚集着三间卧室和客卫的开口，多人同时进出时，便会产生拥挤感。

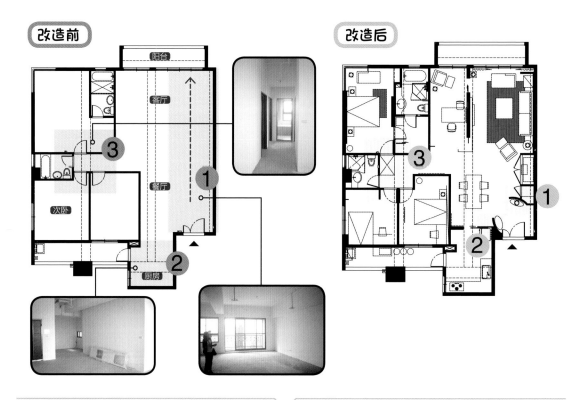

问题

❶ ▶ 玄关正对阳台落地窗，空间硬朗且没有温暖的视觉感受。

❷ ▶ 开放厨房紧靠玄关，一进门即见生活景象。

❸ ▶ 走廊的尽头聚集了三间卧室和一间客卫的开口，令人感觉压迫。

对策

❶ ▶ 使用弧形玄关创造出艺廊般的端景，让空间变得柔和。

❷ ▶ 增设玄关木制柜与厨房做分隔，不但具有遮挡视线的效果，也延伸出空间留给厨房设备。

❸ ▶ 将次卧玄关释放出来，墙线内退，形成可以回旋的小广场。

① ▶ 以弧形玄关形成视觉缓冲　　② ▶ 用隔断延伸空间　　③ ▶ 墙线内退

1　用弧形玄关造型化硬朗为柔和

使用玻璃格栅构成的弧形玄关，融入艺廊概念，取代一般常用的屏风。弧形空间的优点是可通过开口设定，巧妙引导动线转向，化解空间"无隐私"的空旷感，塑造出一个进与出的暂停空间，并有足够空间放置穿鞋椅，回家时可以在此处换好鞋、整理好心情后再进到室内。

2　玄关木制墙隐藏厨房设备

玄关木制墙结合厨房隔断，使厨房空间可以延伸，增加摆放冰箱与餐柜的空间，使工作动线更为顺畅，收纳功能也更为完善。厨房滑门贴皮与木制墙相同，待客时可关起隐藏。

3　墙线内退，创造可回旋的小广场

三个卧室与客卫的开口相当集中，动线终点都在走廊的尽头，容易产生压迫感，多人同时进出的时候，容易发生"塞车"的情况。调整卫生间的设备配置与开口，将没有意义的次卧玄关释放出来，使墙线可以内退约80厘米，形成一个可回旋的小广场，给予房间与房间互不妨碍的距离。

■ 空间设计与图片提供/演拓空间室内设计 张德良、殷崇渊　TEL：02-2766-2589

2.8 空间心理学 渐进缓冲 | 案例 3 | 颠覆厨房设计，化解进门即是厨房的不雅景观

面积 ■92平方米	屋况 ■ 期房	家庭成员 ■ 夫妻+1子	建筑形式 ■ 单层	户型 ■ 三室两厅+两卫+更衣室→两室两厅+两卫+更衣室+书房

厨房、玄关、阳台，形成复杂三角关系，其实浪费了许多空间！

在此案中可以看到，因为不想让厨房暴露在外，从而把厨房包围了起来，这样使得玄关过道与厨房过道加起来的面积，几乎等于一个房间的面积，厨房的使用面积却很小。在空间有限的情况下，屋主希望在92平方米空间内实现三室两厅，并且要有大厨房与书房，在预售阶段经过与屋主不断讨论，设计师提出厨房与玄关合一的大胆设想。通过厨具与家具一体化的方法，解决了看门即见厨房的问题，打造出兼具厨房与收纳功能的循环动线。

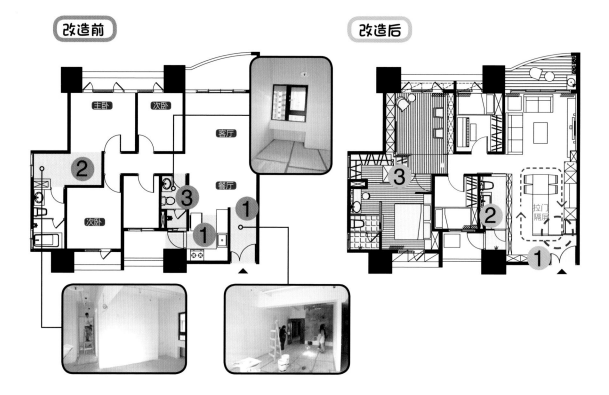

问题
① ▶ 厨房用墙围合，使不少空间只能单纯作为过道使用。
② ▶ 更衣室看起来很大，但收纳空间大多被过道占去。
③ ▶ 两间次卧共用的卫生间太小。

对策
① ▶ 厨房与玄关合一，用拉门活隔，形成环状动线。
② ▶ 客卫加大，阳台局部变成淋浴间。
③ ▶ 主、次卧调换位置，把原主卧处打造成与孩子共享的安静的书房。

运用手法 1.2.3

① ▶ 厨具家具化　　② ▶ 拉门隔屏　　③ ▶ 运用时间差

1　颠覆厨房设计，厨房家具一体化

厨房与玄关合一，用拉门做活屏风，以岛区为中心完成环状动线。虽然厨房正对大门，但通过厨具（柜）家具化方法，将庞大的储物功能隐藏在造型立面后，解除了柜体造成的压迫感，也让厨房不似厨房，让人在毫无察觉的情况下，没有心理负担地轻松通过。玄关屏风同时也是厨房门，随着开合显现出宽敞的中岛区与便捷的环状动线。

（备忘录）**解决管线问题格局不受限**

厨房与阳台总是形影不离，是长久以来建设公司在户型设计上的共性。期房只要在开始就解决冷热水给水、抽油烟、燃气供给等问题，就能解决厨房与阳台一定要在一起的问题，厨房便能随户型需求更动位置。

2　阳台和淋浴间的时间差运用

因为厨房移位，工作阳台的一部分就可以转成淋浴间，让客卫空间更加舒适。动线设计则运用时间差，由于洗澡与洗衣的使用时间并不重叠，所以让工作阳台直接由淋浴间进出。

3　营造环境安静的书房

将主卧位置调换，让房间形状较为完整，能更好地安排更衣室。考虑客、餐厅空间已足够宽敞，所以将书房放在较安静的内部区域，并使用拉门，既可开放也可独立，就算有客人拜访，孩子也能专心读书。

■ 空间设计与图片提供／将作空间设计、张成一建筑师事务所 张成一　TEL：02-2511-6976

2.8 空间心理学 渐进缓冲 案例 4 用壁材消除大梁的压迫感，用造型玄关缓解进门见窗的突兀感

| 面积 ■63 平方米 | 屋况 ■ 期房 | 家庭成员 ■ 一人 | 建筑形式 ■ 单层 | 户型 ■ 两室两厅＋一卫→一室两厅＋一卫＋一书房 |

大梁通过客厅沙发上方；房间门对门，半夜开门易受到惊吓！

这种户型可见于大楼式的住宅，最大的问题是开发商为了节省过道空间，将三个房间的出口放在一起，造成三门相对的户型，会给多人同时进出造成不便。从设计层面看，这样的设计会使动线的终点都集中在同一位置上，如同所有水管的出口都在同一个水龙头，当流量大的时候，人就很容易挤在一起。将这个两室公寓以单身贵族的生活形态重新设计，设计师在初期设计时便将次卧取消，换取较宽敞的主卧加大卫浴，营造更舒适的生活空间。此外，将卫浴出入口转向，与主卧出入口一起隐藏于木墙中，解决了两门相对问题，而木墙与略微凸出的木地板，自然形成电视主墙的感觉。

问题

❶ ▸ 为了节省过道空间，三个卧室出口全挤在一起，造成人多时出入的不便。

❷ ▸ 客厅沙发上方悬有横梁，容易使人产生压迫感。

对策

❶ ▸ 主浴垫高重新配置，主卧地板顺势架高，与电视墙结合在一起。

❷ ▸ 局部平封天花板，化解客厅沙发上方横梁造成的压迫感，同时界定出客厅与书房。

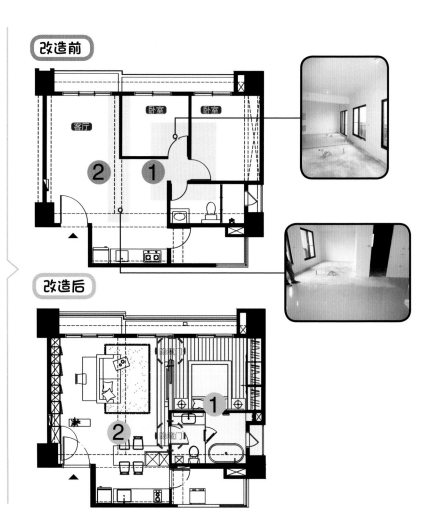

改造前

改造后

运用手法
1.2.3

① ▶ 暗门隐藏　　② ▶ 平封天花板藏梁

1 解除集中出入口，化为同向隐藏门

卫浴加大并重新配置设备、变更出入动线，配合管道变更架高工程，借助地板高低差划分主卧与客厅，使用风化梧桐木墙将主卧与浴室出入口化为无形。地板凸出于墙线兼具电视柜功能，视觉上具有延伸、串联空间的效果，也成为缓冲踏步，避免发生意外跌倒的情况。

2 高低天花板化解大梁造成的压迫感

户型重新调整后，客厅沙发位置恰好位于梁下，容易给人造成压迫感。为了保持空间开阔度，仅从梁线到主墙这一区块局部平封天花板、隐藏结构，而天花板的高低差也具有暗示客厅与书房区域的效果。玄关用艺术品摆饰划分内外，化解进门直接见窗的突兀感，增加了空间层次，减轻了视觉冲击。

玄关艺品

备忘录　**架高地板以不超过 15 厘米为佳**

利用架高地板界定空间，高度不宜太高或太低，最高不要超过一个楼梯踏步的高度（大约 15 厘米），如果高低差达 18 厘米，就会有爬楼梯的感觉，行进时容易产生负担；也不要只有 2～3 厘米，这样很容易踢到或跌倒。架高地板容易给人"脱鞋"的心理暗示，建议地板下可保留局部悬空来收放鞋子。若架高 15 厘米，板下可有 7～8 厘米高的空间刚好可以放鞋，避免房间外鞋子凌乱摆放的问题。

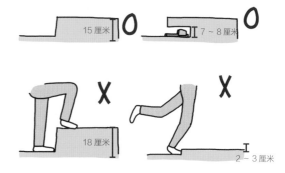

■ 空间设计与图片提供 / 明代室内设计 詹勋明　TEL：02-2578-8730、03-426-2563

设计师思考笔记

迂回动线
切出可居可赏的单身格局

面积	89平方米
屋况	新房
居住成员	单身男子
建筑形式	公寓
户型	三室两厅 → 两室一厅+开放式书房

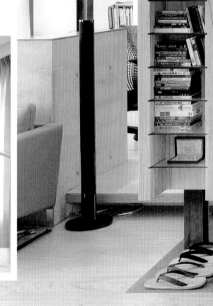

👁 改造重点

改造前	缺少玄关功能，鞋柜无处放。	三室过于集中，缩小空间区块。	主卧开口过道窄小，成为无用的畸零空间。

>>> **改造后** ┃ 设置一体四面的玄关柜屏。 ┃ 取消一室，提高客、餐厅的开阔度。 ┃ 变更主卧室门位置，延伸出更衣室。

设计师格局思考笔记

这是一个单身男子的居住空间，三室两厅的户型，因为三室过于集中，所以要将室内所有的房间边缘化。设计师维持两室的使用需求，调整客厅、主卧开口，将户型重新规划，争取多出一间更衣室，提升卧室的收纳功能。一打开大门，直接看到主卧室门，且缺少玄关功能。因此，整合鞋物收纳的柜屏分隔空间，拉长使用空间的动线，空间多变而有趣，"动线过长不是不好"的设计观点从本案中得到验证。设计师尤哒唯指出：这是一场动线与户型的较量，轻微的户型变动，改变空间动线的使用模式，就可能颠覆了传统观念中对于动线长短的评价。

 屋主需求清单

- ↘ 喜欢摄影，需要一个可处理摄影相关事务的空间。
- ↘ 身为瓷器设计师，希望家里有一间书房或一个工作区。
- ↘ 虽然是一个人住，也希望拥有好收、好拿的储物空间。

第一次格局思考

 设计师思考

1. 原三室两厅的户型，减少一室，并以长桌整合餐厅和书房工作区。
2. 重划主卧户型，活用畸零角落，争取多出一间更衣室；改变房门位置，解决大门正对房门可能暴露隐私的问题。
3. 在书房工作区架高 30 厘米的地板，让两区开放又独立。
4. 设置玄关柜，并以此作为隔断，将玄关与客厅分隔开来。

 屋主回应

A. 从玄关转进房间的动线过长；餐桌一侧背对着玄关大门，感觉有点突兀。
B. 架高的地板将公共空间一分为二，客厅空间好像变窄了。
C. 玄关与客厅的互动问题。

改造前

改造重点

问题 1 ▶ 隔断使得空间变成一块块的，但每一块看起来都不太大。

问题 2 ▶ 大门正对着主卧室门，使居住者产生不安的心理感受。

问题 3 ▶ 玄关没有放置鞋柜的地方。

第二次格局思考

设计师思考

1. 保留大长桌，将其向内侧移动，让客厅空间变大。
2. 取消架高地板，让地面水平延伸。
3. 客厅配置转向，以活动式电视墙增加客厅与玄关的互动。

屋主回应

A. 书房是独立的宁静空间，希望将影响书房的干扰因素减至最少。
B. 客厅配置转向，玄关的收纳空间似乎跟着减少。

改造后

设计师思考

1. 回归户型安排的原点，各区独立，但开放串联。
2. 客厅与书房位置对调，玄关柜屏满足收纳与隔断功能需求。

运用手法 1.2.3

改造后

完成
重点

重点 1 ▶通过运用鞋柜屏，让玄关动线变得迂回有趣。

重点 2 ▶将客餐厅空间调整成一个水平通透的大整体。

重点 3 ▶用 L 形清水模墙作为餐厅与书房的分界。

重点 4 ▶改变房门位置，赢得增加更衣室的机会。

标准的三室两厅户型，顺应单身屋主的使用需求，取消一室，换取他所需要的书房，伴随着三室变两室的"减法"，房型一跃成为互动良好的开阔户型，并在横向、纵向均做最长的延伸，使房屋末端的餐厅、厨房也得以分享前面的采光。主卧原开口的窄小过道，随着变更房门位置，添加了实用的更衣间，整体空间的使用更有效。

客厅与相邻的书房，利用 5 根 H 形钢、两堵清水模墙，作为架构空间的材料。原本缺少的玄关功能，通过一面鞋柜屏风的加入，将大门玄关分隔出来，为公共空间切出了有趣的动线。屏风结合鞋柜功能，左右两个侧面的开放式收纳架支持客厅、书房使用。另外，通过运用鞋柜屏风，让玄关动线变得迂回，客、餐厅变成一个大整体，而且必须穿越客厅才能进出书房、主卧。书房被定格于客厅后方，一面 L 形清水模矮墙与架高地板切开了书房与客厅之间的联系，却同时为沙发、书桌提供了所需的倚靠，搭配鞋柜屏风的包覆，让主人待在书房活动时，可享受难得的清幽宁静，欣赏一片平坦开阔的景象。

重点 1 玄关柜屏
切出有趣的迂回动线

动线　收纳

原本一打开大门，便直接正面迎向主卧室门，而玄关也因建筑结构设计的关系，造成没有地方摆放鞋柜的情形。重新规划户型时，借助主卧室门开口位置的改变，客、餐厅两区的调整，以及玄关柜屏的加入，实质性地划出玄关范围，拉长了进出书房的动线，必须穿过客厅才能到达。玄关柜屏提供一体四面的服务，它既是玄关、书房的屏障，给予书房绝对的宁静，构成一个半遮半透的玄关入口，同时又能满足玄关区所需的鞋物收纳需求，柜屏前后的开放式层架又能支持客厅、书房收纳使用。

柜屏满足收纳需求
柜屏构成一个半遮半透的玄关，满足玄关、客厅及书房的收纳需求，带出玄关过道动线，进出书房也因此变得有趣起来。

柜屏构成书房的屏障
书房因客厅、玄关柜屏的包覆，而获得绝对的宁静、独立，而因客厅区采取了开放式设计，所以还可以同时享有开阔的视野。

重点 2

取消一室
消除客、餐厅的疏离感

采光　空间利用

常见的三室两厅户型，因三个房间过度集中，形成各区独立的状态，客、餐厅之间虽然没有阻隔，却产生疏离感。针对单身屋主的使用需求，来调整户型安排，维持两室配置，以一室换取客厅、书房的开阔大气。客、餐厅调整成一个水平通透的大整体，原客厅位置则规划为书房，餐厅并入开放式厨房里，在厨房、餐厅活动时，也能与客厅正在进行的活动呼应，视线穿过客厅，能看到前阳台屋外的天光明月，使人心旷神怡。

减掉一室，使客、餐厅的关系更紧密

原来的小房间将客、餐厅两区切开，随着格局调整，取消小房间后，让客、餐厅调整至同一水平面，两区的互动性立即提升。

立体线条墙整合客浴开口

客、餐厅整合成一个开放的大空间，餐厅并入开放式厨房里，一旁的立体线条木制墙隐藏着客浴入口。

重点 4

变更房门位置
是主卧套房升级的关键

收纳　空间利用

主卧室门位置变动，卧室内部的可利用空间大幅增加。原本因为开门设计，在主卧入口形成的一个无法利用的小畸零过道，因房门位置变更，争取到了增加更衣室的机会，整合相邻的浴室，形成递进式实用又有趣的功能区间。顺延更衣室的衣橱设计，向外延展成床尾的落地柜子，将主卧的可收纳量提升至最高，整体空间又不失简约时尚，进出主卧的房门开口并入电视墙设计，扩大了主墙的尺寸，一举两得。

重点	L形清水模矮墙	
3	分隔书房、客厅空间	特殊功能 收纳

客厅与书房之间，用一道 L 形清水模矮墙与架高木地板来切开相互的联系。清水模矮墙是书桌的支撑，也是客厅沙发座区的倚靠，呼应清水模电视墙设计，点出整个开放空间的主题。身为瓷器设计师的屋主，喜爱摄影活动，清水模自然又细致的纹理，在明媚阳光的投影下，光影幻动，瞬息万变。书房是屋主的阅读角落，也是他的摄影工作间，因清水模矮墙而有了专属的包覆感，沉浸在影像之美时，眼前一片开阔自然。

隐藏在沙发背景墙后的书房
客厅往前移位后，原位置改成书房，利用沙发背景墙、架高地板来分隔空间，L 形清水模墙也起到遮掩书房隐私的作用。

活用梁下空间做收纳设计
利用原有的建筑结构设计一面巨大的书墙，搭配钢材等特殊材质的使用，展现出柜墙既轻盈又刚劲的冲突美。

由更衣室延伸出来的橱柜
更动主卧的开口位置后，腾出来的空间改为更衣室，并发展成一道绵长的柜墙，提高储物容量。

利用木制墙面柔化空间
主卧床头右侧是附属浴间，进出浴间的入口隐藏于一面木制墙体上，柔和的木纹肌理与清雅的床头墙相呼应。

■ 文字／魏宾干　空间设计与图片提供／尤哒唯建筑师事务所 尤哒唯　TEL:02-2762-0125

虚实暗示

盛放女性特质的好运宅

面积	59平方米
屋况	新房
居住成员	1人+3只小狗
建筑形式	大楼
户型	两室两厅两卫 → 一室两厅一卫

👁 改造重点

改造前	缺乏玄关，开门即见 灶具，景致不佳。	面积不大， 隔断过多、过窄。

改造后 | 鞋柜半遮半挡，区 | 地板取代实墙， | 电视墙结合中岛，
分内外。 | 虚化隔断。 | 打造双动线。

设计师格局思考笔记

屋主为年轻都市女子，她与三只爱犬同住在这一间 59 平方米的房子里，户型方正、单面采光，有不错的大阳台。然而，硬塞进的三个房间（改造前为三室，改造后为两室）与两间卫浴，使原本不大的房子被切割为三份，显得更加狭窄。加上公共空间深度有限，扣除厨具占据的面积，使屋子难以有完整的玄关，产生开门即看到灶具的不佳景象。设计师以"盛开的花朵"作为设计主题，营造女主人追求的生活格调及个性特质，利用自然材料的结合，突破户型本身的限制条件，让空间回归自然、回归纯粹，塑造出女主人期待的舒适而恬静的生活场景。

 屋主需求清单

↘ 需要有充足的置衣与收纳空间。
↘ 体现女性对美的追求。
↘ 家中三只小狗可以奔跑活动。

第一次格局思考

 设计师思考

1. 取消客房与书房的隔断，使用木地板做开放界定，将客厅、厨房、书房、餐厅合而为一。
2. 借助电视墙将空间分为公共与私密两大区域，主卧做暗门隐藏起来。
3. 客卫改为外衣柜，用来收纳厚重的冬季衣物，并利用厨具、鞋柜屏蔽玄关，使内外有所区别。

屋主回应

A. 公共空间的尺寸可再扩大。
B. 增加收纳大型物品的储藏室。
C. 有度假酒店般宽敞的浴室，淋浴与泡澡区分离。

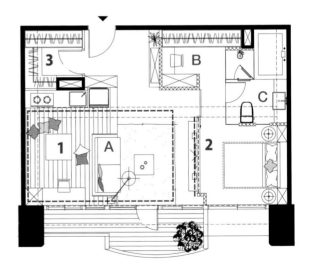

改造前

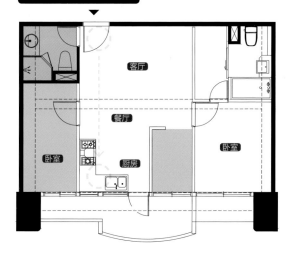

改造
重点

问题 1 ▶ 进门直接看到厨房，景致不佳。

问题 2 ▶ 客房与书房狭小，一个人住并不需要这么多房间。

问题 3 ▶ 客卫使用频率低，不需要两套卫浴。

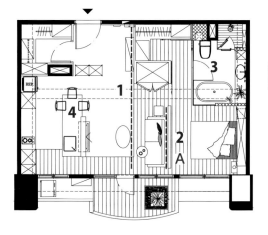

第二次格局思考

设计师
思考

1. 用木板取代实墙，将隔断虚化。
2. 客厅做 180° 转向，以玻璃墙分隔睡眠区，维护起居隐私。
3. 浴室加大，使用玻璃材质隔断，轻化结构。
4. 将厨房改为平行客厅，让中岛桌可以结合电视墙。

屋主
回应

A. 睡眠区与客厅使用玻璃隔断感觉较生硬。

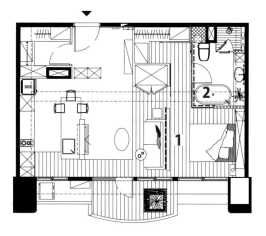

改造后

设计师
思考

1. 睡眠区与客厅改以造型木制墙当作屏风，花朵造型呼应女性特质。
2. 浴室玻璃材质也加入扶桑花概念，形成女性空间主题。

重点

运用手法 1.2.3

改造后

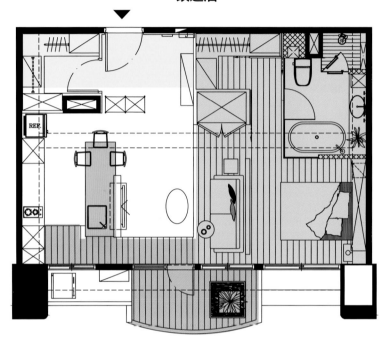

重点 1 ▶ 以鞋柜为玄关，保护屋主隐私。用不到的客卫则变成扩充收纳容量的外衣柜。

重点 2 ▶ 取消所有墙面，用木地板造型将平面分割，区分出公私两块区域，并将更衣室、浴室加大。

重点 3 ▶ 木地板沿着窗边延伸至厨房，连贯前后空间，阳台加上南方松栈板，营造室内与室外的一体感。

重点 4 ▶ 中岛吧台结合电视墙，变成客、餐厅功能核心。

屋主为一位年轻的都市女性，偏爱简洁宁静的空间风格。原空间因为隔断过多使得每一块区域都显得狭小，也缺乏出入进退的玄关缓冲，在思考如何将空间尺寸最大化的问题上，设计师詹勋明决定取消所有墙面，用架高 10 厘米的烟熏橡木地板做虚化隔断，将平面分割成一半主卧、一半公共空间，让厨房、客厅、主卧沿着采光面布局，利用中岛吧台与扶桑花屏风半挡半隔，使空间达到视觉上的通透效果，并享有不错的暖阳。

此外，木地板沿着窗边延伸至厨房，成为连贯前后空间的窗边平台，与铺上柚木的阳台一起制造出室内与室外的一体感，有助于空间打开放大；同时降低了门槛高度，让屋主饲养的三只体型娇小的爱犬能自由进出阳台。

在收纳上，为满足屋主衣物收纳与增加浴室空间等要求，设计师于前期即参与设计，通过取消用不到的客卫，增加了一个可扩充收纳容量的外衣柜，用暗门的形式隐藏在玄关角落，省下不少施工成本。针对屋主不喜欢开门就看到灶具而希望有更美的视觉呈现的需求，设计师利用鞋柜与衣柜背面美化的假墙，构成完整玄关，使进门动线轻巧转向。开放式厨房的中岛吧台则结合电视墙，可遮挡看到灶台的视线。在阳台增加了水景，为落成的新居带来勃勃生机。

重点	一座双面柜	
1	化解隐私暴露的担忧	收纳　心理

为满足拥有庞大衣量的屋主在收纳及归类上的需求，将原大门旁的客卫于前期取消泥作与设备，改为外更衣室，用来收纳换季衣物；在主卧更衣室旁设置大型储藏柜，以满足收纳大型物品的需求。将更衣室与储藏柜的背、侧面做美化处理，与厨房双面书柜、鞋柜一起引申为玄关内外界定的介质，解决入门直视厨房暴露隐私的问题。

是柜也是墙，构成完整玄关
柜美化为假墙，区隔出玄关，架高地板的区域暗示主卧空间，进入主卧的走道旁是大型的储藏柜。

鞋柜结合书柜，餐桌变书桌
用鞋柜切出玄关空间，背面结合书柜做双向使用，使一座吧台兼有餐桌与书桌功能。

重点	扶桑花墙	心理	采光
2	隐喻女性特质		

原空间被两道实墙分割成三个小房间，客变阶段打开空间后，采取虚化隔断的做法，将卧室地板特地抬高，用来区分私人空间与公共空间。客厅区域以"扶桑花"造型墙为主题，寓意外表热情主动、内心细腻拥有力量的女性特质。扶桑花墙成为客厅与主卧之间的接口表情，为沙发提供倚靠的唯美背景。此外，花墙上方天花板预留窗帘盒，在亲友拜访时可放下拉帘，保护隐私。

窗边平台，打造狗儿专属通道
木地板延伸成为窗边平台，为狗儿们预留活动动线，让它们可以无碍地穿梭在阳台内外。

扶桑花墙隐喻女性花样特质
沙发背景墙以二二片夹板切割、叠合胶着而成，盛开的扶桑花造型墙既具有一定的厚度，同时又具有穿透效果。

重点	轻透玻璃	放松氛围	
4	改善浴室阴暗现状	心理	采光

卫浴空间没有对外采光，因此改用喷砂强化玻璃，借此引入间接光源。此外，引用扶桑花作为喷砂图腾的表现，呼应整体主题，铺面则用黑板岩作为沉稳意象的材质，并采取干湿分离的设计，满足女主人的空间功能需求。室外露台区也利用水以及植栽营造出绿意生态，引入室内。

重点	电视墙结合中岛吧台		
3	**打造灵活双动线**	动线	空间利用

原来的 L 形厨具改为一字形，利用梁下畸零空间来设置，具有修饰结构的效果，并使用隐藏式抽油烟机，将设备冷硬的线条隐藏起来。客厅电视主墙以半高、双动线的方式规划，更结合中岛、料理台的功能设计，整合收纳厨房电器。吧台配合书柜，除了兼具餐桌的功能外，也成为屋主的阅读区域。

运用梁下畸零空间，设计功能强大的厨房将梁下畸零空间全用于橱柜，满足大量收纳需求，也将各种电器，整合美化。

电视柜结合中岛吧台，缓冲视线半高电视柜结合中岛吧台，一来可以使视线得到缓冲而不是一望到底，二来又能防止料理台溅出水。

玻璃取代墙体，轻化空间质量
浴室加大，使用喷砂玻璃隔断，轻化空间结构，马桶与管道间的畸零壁凹，修饰为卫生纸的置放处。

阳台营造水景，唤醒盎然生机
在阳台上以水磨石（磨石子盆）设计水景，在都市也能轻松拥有自然感受。

■ 文字／李佳芳　空间设计与图片提供／明代设计 詹勋明　TEL:02-2578-8730、03-426-2563

移动墙使空间串联
塑造两人到四人居住的空间变化

二人新生活

案例 **3**

面积	92平方米
屋况	二手房
居住成员	夫妻+未来出生两子
建筑形式	老公寓
格局	三室两厅 + 一厨 + 两卫 + 一阳台 → 一室两厅 + 半开放书房 + 开放客房 + 两卫 + 两阳台

👁 改造重点

改造前	采光不错，却显阴暗。	厨房阴暗，正对卧室。	客厅受限，施展不开。

改造后　　灵活界定，　　　　玻璃通透，　　　　可移动电视
　　　　　形成开放空间。　　串联采光。　　　　墙, 解放客厅。

179

设计师格局思考笔记

寻觅了两年多，建筑师利培安终于找到落脚处，他在台北市区边陲的山上买下小社区里的房子，非常满意这里被前后山景包围的感觉。因此，着手设计之初，他便从"前后窗景可以互串"的想法出发，试图在空间里彰显环境特色。这个平面的最大挑战在于，房子形状呈凹字形，加上玄关与卫生间的先天条件限制，卧室大致位置基本上已经固定，难有太大变化。除此之外，虽然目前居住人口只有夫妻两人，但预计生两个小宝贝，空间计划必须纳入短期到长期不同阶段的考虑，人口数从两人到四人，必须赋予空间可灵活调整的弹性才行。

 屋主需求清单

↘ 前后风景可以串联。
↘ 暂时只需要主卧，但打算生两个孩子，需要为将来着想。
↘ 喜欢招待朋友，需要能够容纳多人的公共空间。

第一次格局思考

 设计师思考

1. 户型变动较少，取消一室，让空间可以前后相连。
2. 厨房与餐厅合一，吧台兼作餐桌使用。
3. 儿童房使用折门隔断，可完全打开，让孩子能自由奔跑玩耍。

屋主回应

A. 电视墙给人的感觉很呆板。
B. 有很大的更衣室，感觉很不错。
C. 平时喜欢招待朋友，餐厅难以容纳十几个人一起使用。

第二次格局思考

 设计师思考

1. 主卧入口改向，让客厅靠边，让出宽敞的餐厅。
2. 儿童房加大，连接开放和室，可以多功能运用。
3. 把餐厅拉出来，厨房得以打开，变成一个开放餐厨区。

屋主回应

A. 厨房空间还是比理想中的要小。
B. 希望洗衣、晒衣空间更大。
C. 客人如果想简单洗个手还要穿越空间到厨房，较不方便。

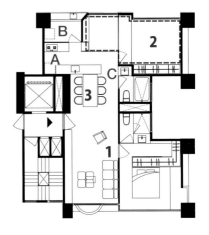

改造前

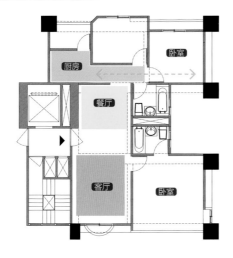

问题 1 ▶采光被墙挡住，餐厅很阴暗。

问题 2 ▶厨房被塞在角落，必须穿过长长的小巷子才能进入，不但狭小且阴暗，与空间的互动性也很差。

改造重点

问题 3 ▶房门正对厨房，屋主爱烹炒，油烟直接飘入房内，影响家人健康。

问题 4 ▶客厅空间的宽度受限于玄关位置，难以再扩大范围。

设计师思考

第三次格局思考

1. 用架高的和室衔接电视柜，整合出一个宽敞的客厅，幼童暂时不需要独立房间，将来再将和室变更成房间即可。

2. 客厅与餐厅用电视墙分隔，将客卫洗手台拉出来，客人人数较多时也方便使用。

3. 主卧用玻璃书架分隔，并设有书房。

4. 阳台些许外推，加大厨房。

屋主回应

A. 空间太琐碎。

B. 厨房位于小角落，采光不太好。

C. 希望工作阳台使用起来能舒适便利。

设计师思考

改造后

1. 电视墙改为活动式，让客厅与餐厅更通透。

2. 和室取消架高，采用玻璃隔断，整体更宽敞。

3. 厨房改为一字形，扩大阳台，打造宽敞工作空间。

运用手法 1.2.3

改造后

完成
重点

重点 1 ▶客卧灵活界定，完成开放空间设计。

重点 2 ▶外墙界面穿插玻璃，内退新增阳台，加强前后空间的景观连续性。

重点 3 ▶客、餐厅以活动电视墙分隔，维持最大开放度。

重点 4 ▶主卧使用薄型铁墙区隔，节省空间，动线与书房串联做弹性使用。

重点 5 ▶厨房以岛型吧台区隔，书房使用玻璃书架隔断，前后采光可以串联。

着手自家改造，利培安在这个 92 平方米的空间里进行大胆试验，利用带状窗、玻璃墙与内退阳台，大幅度将空间向外开放，同时消除阴暗的缺点；借助可活动的界面、空间互串、特殊材料，打破原本三室鼎立的呆板户型，让空间随着生活时间轴推移，每个阶段都能顺应需求重新被定义。

公共空间和客房是以作为孩子的游戏广场为出发点来设定的，利用条纹玻璃折（滑）门灵活分隔，让尺寸可伸可缩。通过转换外墙，打造出像蛇一样弯曲的带状玻璃长窗，延长的采光接口中包含了一个内退新增的阳台，成为专属的观景台。于窗边特别定制的 3.4 米卧榻沙发可以容纳多人同坐，也便于孩子攀爬嬉戏。此外，客厅壁面铺上环保材料亚麻仁油胶垫，可移动的金属书架若全数拆卸，墙就变成了涂鸦画板。

屋主喜欢朋友、家人在空间里的聊天互动，认为胜过大家一起围坐着看电视。客、餐厅中间特别设计的活动电视墙，可以大幅度地拉进拉出，游戏、社交、阅读都可互跨使用。

此外，主卧、书房、客房以"可循环使用"的概念设计。串联在一起的书房与主卧，当第一个孩子出生后，书房可当成婴儿房，以便夜间照料宝宝。当孩子长大后，就可搬离婴儿房，住进客房，书房则可恢复功能。待第二个孩子出生，书房则再次回到婴儿房的角色。最终阶段则是改变主卧与书房关系，让书房也成为独立的房间。

重点 1　内退阳台 打造带状长窗

采光　**轻松氛围**

原本前阳台建设公司已经二次施工推出，但由于屋主喜欢走出户外的感觉，设计师利用内退方法，新增一个观景小阳台。将主卧移到后面房间，前半部得以形成宽敞的公共空间，使用频率较低的客房以折门灵活界定，平时可以并入公共空间。为避免结构变化打断空间的延续性，梧桐木实木天花板以不规则曲面隐藏客厅中央的大梁。

用活动隔断隐藏客房
客房半透明条纹玻璃隔间是以两片折门加一片滑门组成，平时可收在阳台边，或化为书柜的门板隐藏起来。

外墙局部替换玻璃界面
外墙部分，原本窗户的位置不动，只是局部外墙以玻璃替代，加上一个内退的小阳台，形成曲折的带状长窗。

重点 2 层层通透 前后风景在空间交会

`采光` `收纳` `通风`

房子的前后都是山，为了让前后采光与风景互连，必须解决从书房、厨房到客厅三个空间的串联问题。原本封闭的厨房使用岛型厨具与矮吧台来界定，而书房砖墙也以玻璃书柜取而代之，以维持视线的穿透性。在客厅与餐厅之间的电视墙设计成可左右横移式的，不看电视时就收起，改为欣赏风景。整体空间刻意配以深色调，营造沉稳氛围来平衡采光。

不挡路的移动电视墙

电视墙借用下降的大梁施工，利用高拉力弹簧布线，让电视墙不受电线的限制，可大幅度左右移动，并使用冲孔板减轻铁件质量。电视机也可旋转，供餐厅、客厅双向使用。

可透视的玻璃书架

配合开放式厨房，书房采用书柜隔断，柜背使用透明玻璃，让光线可以透过书本缝隙进入内部。

重点 4 壁面材料 增添乐趣

`特殊功能` `通风`

由于家庭人口较少，不用担心声音干扰问题，为了争取最大的使用面积，将墙面极致薄型化，主卧使用仅1厘米厚的黑铁墙界定，点状镂空的山茶花图腾，装饰之余还可引光通气，壁面也兼具备忘录功能，可用磁铁吸上旅游相片或便签纸，运用墙面材料增添使用乐趣。餐厅天花板预留缝隙，裸露的日光灯排列成十字形，让照明隐喻着屋主的信仰。

山茶花通气孔

重点 3

串联空间
更能弹性运用

动线　收纳　特殊功能

原本书房与主卧是两个独立、没有互动的房间，特意将动线改为先进入书房，再转而进到主卧，使两空间可以互串，并可做弹性使用。孩子出生后，书房玻璃门关起来就成了安心育儿的空间，晚上就寝时，爸爸或妈妈可就近照料幼儿，同时可避免干扰另一人休息。除此之外，书房与主卧以床头柜取代墙体，并赋予柜体不同功能，既可做衣柜或用于储物，又能供主浴室使用。

床头柜三向运用

床头柜的背面是书房的储藏柜（衣柜）；正面是较浅的收纳柜，以及具有夜灯功能的床头柜，内凹的小平台可随手放睡前读物；侧面则是主浴独立出来的洗脸槽。

浴室开窗，引景引光

主浴在淋浴视线高度开了一扇小窗，洗澡的同时可以透过玻璃看见屋外的绿意，兼具采光、穿透效果，也增添了沐浴时的乐趣。

山茶花暗藏透气功能

点状山茶花是客浴的通气孔，可消除空间的沉闷感，光线透过山茶花时，别有一番趣味。

可拆卸书架，增添变化性

客厅壁面铺上环保材料亚麻仁油胶垫，使用活动螺杆构成的书架可自由变化，也可以全数拆下，变成未来孩子的涂鸦墙。

■ 文字／李佳芳　空间设计与图片提供／力口建筑 利培安　TEL:02-2705-9983

自由平面
减隔断、增亲密度的老屋新生术

二人新生活

案例 **4**

面积	84平方米
屋况	老屋
居住成员	夫妻+将出生一子
建筑形式	老公寓
格局	三室两厅两卫 → 一室+一卫+ 开放客厅+餐厅+厨房+书房

👁 改造重点

改造前	客、餐厅距离远,互动性差。	厨房、浴室狭窄,待加大。	隔断造成多暗房。

186

改造后　　自由平面，　　　移动书架，　　　浴室双门，
　　　　　　功能聚集。　　　灵活隔断。　　　主客合一。

设计师格局思考笔记

这个房子是屋主与兄弟从小长大的老家，为面宽狭窄、前后采光的长形户型，这是一种典型的传统街屋。隔断方式呈现走廊在中间、房间在两边的状况，不仅必须穿过走廊才能到达餐厅，还造成一边的房间有采光，另一边的房间为没有对外窗的暗房。在此案中，设计师洪博东的两阶段平面图截然不同，当完成改正缺点的户型后，他进一步提出"自由平面"的大胆假设，让一个较大的公共空间承担所有房间功能，不特别分隔或定义，用宛如大熔炉般的配置方法，激发屋主夫妻对未来生活的向往。

✓ 屋主需求清单

↘ 女主人喜欢烹饪，希望厨房跟餐厅是家的核心。

↘ 客厅不摆电视机，需要有储藏室。

↘ 未来打算生小宝宝，空间要能满足孩子成长需求，且要有两间卧室。

第一次格局思考

1. 复原前阳台，使出入有缓冲空间，不会直接进到客、餐厅内，也让屋主有种花种草的角落。
2. 将厨房移到空间前半部与客、餐厅结合。
3. 有窗的空间定为卧室，没有窗的空间则变成储藏室。
4. 使用拉门让次卧得以开放，兼有书房与客房功能，未来则可作为儿童房。

A. 工作阳台必须从卫生间进出。
B. 两间卫生间中似乎其中一间必然没有对外窗。

改造前

改造
重点

问题1▶从客厅到餐厅要穿过长长的过道，公共空间的互动性差，客人使用卫生间必须穿过房间，私密性也不好。

问题2▶房间位于过道两侧，两个房间没有对外窗。

问题3▶厨房被塞在空间角落，只能面壁工作，互动性很差。

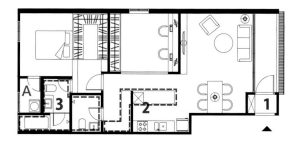

设计师思考

第二次格局思考

1. 与第一次户型思考类似，差别在于把大门内退，将玄关设在门的外面，落尘区与室内分离，前阳台整体气氛更好。
2. 储藏间以L形柜代替，厨房空间变大并调整配置，出入方式更方便，与餐桌更接近。
3. 沐浴功能主要集中在主浴，客卫主要功能为上厕所，克服其又暗又湿的缺点。

屋主回应

A. 希望工作阳台大一点。

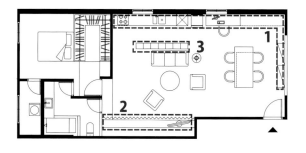

设计师思考

改造后

1. 只留下一个主卧空间，其他空间打开，把厨房、书房、玄关需要的功能都靠墙放，使公共空间变成一个自由开放的平面。
2. 将储藏室设计在平面的凹槽内，并将电视机收纳起来，客厅没有电视墙，空间没有固定的方向性从而更自由。
3. 用一座可移动的大书架来灵活分隔空间。

运用手法 1.2.3

改造后

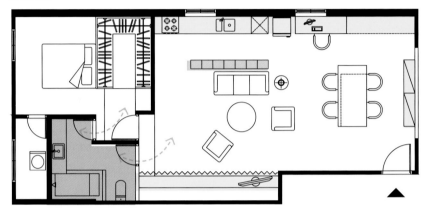

重点 1 ▶厨房、客厅、书房、餐厅、储藏功能在一个自由平面内完成。	重点 2 ▶用一座可移动的大书架来灵活分割空间。	重点 3 ▶两间小厕所合并成一间大浴室，做双门双向使用。

屋主委托改造这间82平方米的老公寓时，年纪在29岁左右，因为要结婚，打算重新装修作为婚房。他们的短期需求是符合两人居住，长期需求则是必须预留未来孩子的成长空间。

平面从原始的三室两厅变成一室一厅一卫一阳台，在这个减法里，洪博东唯一保留的独立空间只有 20 平方米的主卧（含更衣室），而屋主需要的书房、厨房、餐厅、客厅、储藏室，甚至未来的儿童房，都在 54.5 平方米的自由平面里完成。

设计师将功能往两侧墙面设置，让空间形成完整的长方形。由于房子位于传统街屋三楼的边间，多了侧向采光的小窗，于是在有窗的这一面上，安置了女主人理想的开放厨房与男主人工作用的明亮书房。

喜欢烹饪的女主人认为厨房才是家的重心，而夫妻二人平时的休闲也以阅读为主，很少看电视，甚至觉得不要电视墙也没关系。因此，在结构内凹处，设计师用开放层板完成了一间储藏室的设计，将电视机收纳在里面，并且只用窗帘做软性隔断，当看电视的时候才拉开。

因为没有电视墙的限制，空间使用没有固定的方向性，加以客厅、餐厅、厨房用滚轮书架来做活隔断，可以随需求任意改变关系，譬如客厅与餐厅随时都可以对调，而餐厅也能变成独立书房或婴儿房。

重点	减房减压			
1	合并出亲密场所	动线	收纳	采光

这间老房子过去是屋主与父母兄弟一起居住的地方，当初 3 个房间的配置将公共空间切割零碎，也产生长而不便的动线。考虑到孩子出生需要独立房间可能是好几年以后的事情，屋主决定采纳设计师的建议，将预算与面积集中用于公共空间。通过减房，只留下主卧，其余功能全部纳入公共空间，且铺面皆使用德国硬化技术的水泥地板，塑造出连续不中断的开放空间，同时也改善了采光。

打破界限，平面开放
厨房、客厅、餐厅、玄关没有设置实体隔断，厨房仅用视线可穿透的夹板书架做屏挡，书架下附有滚轮可移动。而大餐桌兼作书桌使用。

功能靠墙设置，放大公共区
将厨房与玄关需要的炉具、电器柜、鞋柜等功能靠墙摆放，使中央活动区域变得宽敞。

重点 2　软性隔断加活动书柜 提升空间自由度

`收纳`　`空间利用`

一座电视墙虽然气派美观，但也限制了客厅的方向，由于屋主夫妻可以接受客厅没有电视墙，索性将电视机藏在储藏室内，让沙发家具的配置可以面向厨房或餐厅使用。此外，客厅与厨房用滚轮书柜灵活界定，可以依照需求自由分配空间。举例来说，当书柜靠墙时，餐厅与客厅对调，便形成供多人聚餐的开放餐厨；当屋主需要专心工作时，书柜可隔开客、餐厅，将餐厅变成书房。

软性隔断更便捷　整片布帘拉起来的地方就是储藏室，使用软性物质来做隔断可以让空间更有温度，而且只要往旁边拉起布帘就能轻松取物。

用书柜做临时隔断　将来有婴儿房需求时，可将餐厅与客厅做结合，用书柜做临时隔断，将原来的餐厅变成婴儿房，等到确定需要独立的房间时再用轻隔断处理。

用书柜围出婴儿房

重点 4　经济又富有创意的墙面美 化手法

`功能`

墙壁上不美观的电机箱、对讲机等，可以通过假墙或移机方式处理，但由于本案房龄已有 30 多年，考虑房子本身的特色，以及装修预算有限，屋主希望尽量避免过度装修。在设计师的巧思下，利用绝缘胶带在墙面上作画，把突兀的生活设备融入涂鸦当中，变成让人会心一笑的壁面风景。

重点	浴室合并加大
3	用双门做双向使用

动线　通风

原户型有两间卫生间（主浴室＋客卫），但都很小，由于空间平时只有夫妻二人使用，与其将预算放在很少使用的第二套卫浴上，不如将两间小卫生间合并成一间宽敞、功能完整的四件式卫浴，只要设定有两个出入口，一个从主卧出入、一个从客厅出入，就可以兼作客卫使用。

可通气采光的墙顶木板窗

浴室位置没有直接对外窗，因此泥作刻意不做到顶，上方设计活动的木板窗，可根据需求调整开口的大小，让通风采光根据需要调节。

双出入口让主浴室兼作客卫

两间小卫生间合并，打造一间功能完整的卫浴，并设两个出入口做双向使用。

便宜胶带变身颇具设计感壁贴

时钟、电箱（倒吊人拿的画作）与对讲机融入壁面涂鸦中，而该涂鸦全靠便宜的绝缘胶带贴成！

特殊涂料的应用

涂料运用也是提升墙面功能性的方法，玄关入口处的墙面涂上黑板漆，可以记些东西或留言，将来也是孩子的涂鸦墙。

■ 文字／李佳芳　空间设计与图片提供／非关设计 洪博东　TEL:02-2750-0025

修正角度
将幸福生活要素化零为整

面积	142平方米
屋况	老屋
居住成员	父母、一子
建筑形式	大楼
格局	两室两厅 → 两室两厅+书房兼客房+玄关+储物间

👁 改造重点

改造前	房型不方正，斜角多，梁柱也多。	为了让隔断方正，牺牲了采光。	公共空间断裂，互动性差。

改造后　隔断垂直斜面，　　开放式设计，保留　　客厅用地面设计分区，
　　　　修正空间角度。　　　长向开窗的完整性。　维系公共空间的整体感。

设计师格局思考笔记

这是一户房龄约 30 年的大楼住宅，户型呈现不规则的五边形，结构也相当复杂，房子内有超过 10 根粗大的梁柱，加上房子挑高只有 265 厘米（不含梁柱的高度），一走进即给人沉重阴暗的压迫感。空间过去因作办公使用，户型相当不合理，客、餐厅因墙而断裂成两截，缺乏良好互动，同时成为采光与动线的阻碍。各空间的功能匮乏，有待重新制订收纳计划。种种须改善的问题加在一起，加上屋主希望能在有限楼高中展现挑高的开敞风格，让设计任务更是难上加难。

✓ 屋主需求清单

↳ 浴室要使用便利，还要有采光。
↳ 喜欢开阔的敞开风格。
↳ 隐藏柱子，把多边角空间变方正。

第一次格局思考

设计师思考

1. 通过梁柱将房间重新界定，将房间出口与柱子变成"圆点"，围塑出有趣味性的家庭核心区。
2. 打造两间都有对外窗的 1.5 套卫浴，有专属客卫，并将角落畸零空间打造成全家共享的大浴室。
3. 用一条长廊连接所有公共空间，平时用餐可透过窗户看见街景，营造空间互动并放大尺度的视觉效果。

屋主回应

A. 概念很有趣但太大胆，而且房间还是方正的好。
B. 1.5 套卫浴虽能满足需求，但更希望拥有两间都可洗澡的浴室。
C. 客、餐厅不用玻璃门隔断也可以。

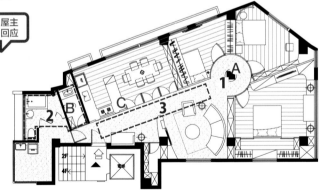

改造前

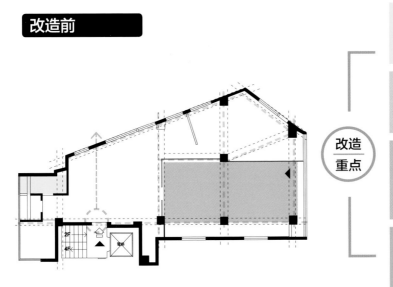

改造
重点

问题1▶平面横轴很长，浴室管线集中在一边，动线距离相当长，采光很差。

问题2▶房型不方正，不仅斜角多，梁柱也多，梁下只有2.2米高，感觉很压抑。

问题3▶以前做的隔断为了让空间方正好用，牺牲了采光，把公共空间断成两截，导致房间都是暗房。

问题4▶玄关正对窗户，外有高架桥，给使用者带来不舒适的视觉感受。

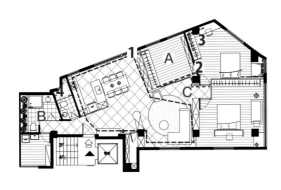

设计师
思考

第二次格局思考

1. 取消玻璃门与架高地板，客、餐厅采用零隔断融为一体。
2. 书房采用玻璃拉门维持视觉穿透效果，与客厅连成一体，取代家庭核心区。
3. 隔断垂直于斜面，使房间变得方正。
4. 走廊深入通往两间浴室，客卫增加淋浴功能。

A. 整体中规中矩，感觉少了趣味性。
B. 希望加强浴室的功能性。
C. 凸出角度不太好，希望能变得平整。

屋主
回应

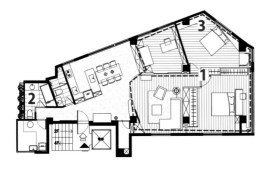

设计师
思考

改造后

1. 多了过道空间，修饰凸出角度。
2. 调整浴缸位置，可放入较大的单人浴缸，洗手台也加大了。
3. 运用木地板暗示空间转换，让客厅与书房融为一体。

重点

运用手法 1.2.3

改造后

2F

4F

完成重点

重点 1 ▶ 厨具斜向配置，形成喇叭状过道，让玄关有向内放大的效果。

重点 2 ▶ 借用地板材质变化使公共区域得以分界，并将书（客）房与客厅连成一体。

重点 3 ▶ 以斜向摆放的床配合造型天花板，把床头柜、卧榻的角度修正。

重点 4 ▶ 在大幅调整卫生间位置的情况下，规划出两套有采光的浴室。

面对如此高难度的改造，设计师许宏彰认为着手设计之前的"测光"极为重要。因为空间不只要依照屋主的需求、职业、年龄安排，每扇窗皆有不同测光模式，可分为明亮、舒适、待加强三类，配置应该跟着光的暗示，将采光最佳处留给屋主心目中最重要的空间。

经现场实测发现，房子的采光条件很好，只是光进入的动线被隔断限制了。以房子位于低楼层的条件来看，最长向的开窗紧临高架桥，车流大、声音吵、积尘多，因此设计之初便建议屋主将全热交换器列为基本需求，使房间不开窗亦能达到通风循环的效果。斟酌预算分配比例，设计师在厨房与浴室位置不动的条件下进行重新规划，主（次）卧、浴室、书房以垂直斜墙的方法做出隔断，适度分配采光，借此修正空间角度。

经沟通发现，屋主相当重视与家人的相处，认为围绕餐桌展开的饮食活动是一天中最重要的时光。因此，设计师特别将餐厨配置于长向开窗面，通过中岛与餐桌的垂直关系，使料理者与用餐者可以城市为背景展开美妙的互动，并通过不中断的窗带来放大公共空间尺寸的效果。另一方面，由鞋柜、冰箱柜划出的玄关区，形成由窄而宽的喇叭形过道，豁然地展开空间的序曲。

重点 1　玄关合并过道
由窄而宽导引视线展开 　收纳　心理　采光

一进入房子，从玄关即能看见窗外巨大的高架桥，明显感知到噪声与压抑感。重新砌筑的浴室，隔断墙垂直于外墙，将厨房修正为长方形，而隐藏厨房冰箱的电器柜背面结合玄关鞋柜，使用非洲铁木门与具有穿衣镜功能的灰镜，隐藏功能性，形成一道风格假墙，并与水泥粉光地板、清水模质感的电视墙、暗红色墙面，共同营造出屋主期待的开放风格。

将不规则形状放在过道
修正户型必须有所取舍，因玄关属短暂停留区域，过道对于不方正形状的接纳度较高，同时因向内开展的缘故，可再放入一张舒适的穿鞋椅。

玄关与厨房紧密连接
由于玄关与厨房的连接性强，入门不直接进到客厅，可先将东西搁在餐桌上，喝点东西休息一下。

重点 2 地面变化
暗示开放空间的过渡 `互动` `采光`

将原本的暗房打开成为客厅，客厅、餐厅、厨房、书房不用具体隔断，而是以功能概念去做分割，使休憩、工作、娱乐等活动可以互相依赖，增加家人相处时间。从餐厅到客厅的地板铺面由水泥粉光转换到烟熏橡木地板，以暗示区域变化；相邻的书房采用半通透的格栅拉门，平时可维系公共活动区的完整性，并引入大量自然光，使内侧客厅保持舒适的明亮度。

书房结合客厅一体使用
书房使用格栅玻璃门做采光隔断，搭配窗帘，可兼作客房使用。

使用弧线柔化材料交界
借助电视墙修饰空间中央的柱子，使弧线延伸到木地板，柔化材料交界边缘，避免一分为二的突兀感；而与主卧交界的沙发背景墙刻意做脱缝处理，加上玻璃材质的使用，让光线可以穿透互补。

重点 4 重新砌筑
完成明亮好用的浴室 `采光` `收纳`

两间卫浴都十分狭小，因畸零墙面更显空间零碎感。将原本横向隔断墙改为直向，并加大可使用的空间，使原本1.5套卫浴扩充成两间皆有采光、可淋浴或泡澡的完整浴室。

用透光门板照亮走道

玄关位于内侧，由于担心采光不足，所以走廊末端两间浴室的门板，整片或局部使用可透光的玻璃材质，使光线得以进入。

重点 3 运用柜体隐藏梁柱 并修正空间角度

收纳 采光

主、次卧的空间除了户型不方正外，还有不少梁柱结构问题。主卧角落突兀的柱子，使用镜面结合床头板、书柜修饰，并将背面区域设计成梳妆台。次卧所在的空间更是畸零，梁柱结构复杂，且五面墙相接的角度皆不相同，除了利用床头柜与卧榻修正角度外，并以三角形天花板隐藏大梁，尽可能取得舒适高度。

半高床头板隔出更衣室

主卧虽没有衣帽间，但利用半高床头板隔出更衣室，同样可保有采光优势。

砌筑加镜柜化解凹凸狭角

浴室墙面交接的狭角利用砌筑，将其化解为摆放皂盘或洗手液的平台，而凹凸墙面则利用镜柜、洗手台加以修饰。

无用畸零空间为收纳加分

将畸零空间妥善设计为床头柜、书柜、卧榻，增加收纳空间，也为孩子打造出宽敞的游戏区。

■ 文字 / 李佳芳　空间设计与图片提供 / 德力设计 许宏彰　TEL:02-2362-6200

共伴成长宅
案例 **6**

移动隔断
把家化为孩子嬉戏的
大操场

面积	221平方米
屋况	二手房
居住成员	父母+3子
建筑形式	大楼顶楼
格局	两户 → 一户

◉ **改造重点**

改造前	两户平面须合并。	阳台局部外推，屋形不方正。	功能重复，必须重新分配。

改造后　双轴线概念，　　运用滑门，自由选　　可旋转的家具设计，让
　　　　串联公共空间。　　择独立与开放。　　空间角色互换。

设计师格局思考笔记

房屋位于正对公园的大楼中的 12 楼，屋主夫妻二人皆为教育家，育有三个活泼的男孩。他们原本住在双拼户的其中之一，机缘巧合买下隔壁户后，打算将两户合并成一户，重新打造出适合孩子成长的生活环境。从平面图上可清楚看到，中间一道墙将平面切割成左右两半，从电梯间进入，两平面各自有玄关、客厅、餐厅、厨房、卫浴、房间，有不少功能重复，户型分割也相当碎化。此外，两户的平面状况也不尽相同，其中一户的阳台已被外推，另一户则没有，因此必须按照现有屋况条件进行思考。

 屋主需求清单

↘ 养成三个孩子爱阅读、爱动手的好习惯，家要像图书馆或工坊一样。
↘ 公共空间要宽敞，可以让孩子自由奔跑。
↘ 未来可能会接待国外留学生。

第一次格局思考

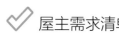 **设计师思考**

1. 除了主卧、浴室之外，所有的空间都开放为一体。家的核心为图书馆，没有正式的客厅与电视墙；厨房与餐厅位于景色最好的弧窗处，餐桌以吧台形式呈现，可欣赏公园景色。
2. 三个儿童房可打开与公共空间融为一体，让孩子平常不窝在房间，都在公共空间活动。
3. 孩子共享一间大澡堂，并将后阳台设计为戏水区，孩子可在这里玩园艺。

屋主回应

A. 厨房是否可以有隔断，以免油烟外散。
B. 父母可以有独立安静的工作空间。
C. 孩子的卧室仍各自独立，希望可以融为一体。

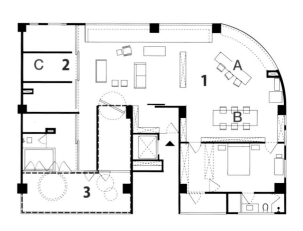

改造前

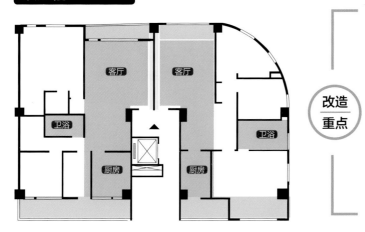

问题 1 ▶ 隔断墙将平面切割为两户。

改造
重点

问题 2 ▶ 部分阳台外推，部分则没有外推，必须按照现有屋况进行设计。

问题 3 ▶ 客厅、厨房、卫生间等功能重复。

设计师思考

第二次格局思考

1. 用屏风分隔客、餐厅，厨房区增加玻璃墙，可以阻挡油烟。
2. 父母书房与孩子书房连在一起，但必要时可用活动隔断墙区隔。
3. 戏水功能合并在浴室的大浴缸。增加一间木工房。
4. 三间儿童房使用活动门板隔断，可各自独立也可合并为一大间。

屋主回应

A. 老人希望可以改变厨房位置。
B. 希望没有外推的阳台也能欣赏到户外风景。

设计师思考

改造后

1. 把厨房移到开放空间内侧，并用万向轨道拉门做隔断；主卧因厨房占去深度，改变配置，由更衣室进出。
2. 餐桌合并书桌放在弧形窗户位置，沙发斜线指向餐桌摆放方向，暗示空间轴线转折。
3. 玄关墙面镶入鱼缸，视线可前后贯穿。
4. 用水瀑将女儿墙化为室内风景，借助映射天空倒影制造窗景连贯感。

运用手法 1.2.3

改造后

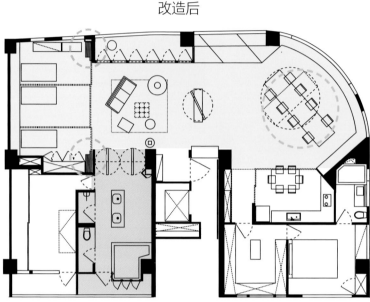

完成重点

重点 1 ▶ 将儿童房、客厅、卧榻、餐桌区连贯成一片大操场，可让好动的孩子自在奔跑。

重点 2 ▶ 将工作桌与书桌并排成大长桌，局部桌面可升起，并旋转 90° 指向厨房，成为用餐区。

重点 3 ▶ 用 10 片滑门和万向轨道，让三个房间变两房或一房，弹性变动。

重点 4 ▶ 将重复的厨房设计成大澡堂，澡堂使用旋转门分隔，孩子可直接将脚踏车牵过澡堂到后阳台。

接受委托时，屋主表明可接受大幅度改动来量身定制空间，希望三个孩子可以一起生活、一起游戏、一起阅读。由于房子位于顶楼，没有结构承重问题，设计师刘冠宏将平面还原为一张白纸，从建筑角度出发，依照气候特征分别定位不同属性的空间，将用水频率高的潮湿场所（浴室、晾衣阳台）放在阳光最充足的南向，借由这些空间形成隔热层，保持日常活动区域的舒适度。

当确定了这些功能空间的位置后，剩下的客厅、餐厅与房间的配置，便取决于屋主所要表达的生活态度：是希望家庭成员各自享有独立的起居空间，还是希望平时能聚集在公共空间一起活动？屋主选择了后者，因此确定了整个空间的大致配置，最重视的餐厅、书房就放在整个空间最棒的位置。

从"两个轴线"概念出发，设计师将连贯儿童房、客厅、餐厅的横轴线，运用弧形窗、卧榻、长书（餐）桌暗示转折，将动线牵引到大厨房，打造出绵延一体的生活大操场。此外，设计师运用 10 个活动门板，将三间儿童房打造成活动大通铺，并且设计了一间大澡堂和一间木工房，使他们可以过着学校般的团体生活，并有许多空间可以经营兴趣、玩手作与园艺，这样自由自在的空间也便于未来接待国外交换学生，让来自不同国家的孩子们可以一起成长。

重点	用旋转电视墙	
1	将两个平面合为一体	动线 放松氛围 互动

被墙壁一分为二的平面，需要重新融合为一个整体。设计师将儿童房、客厅、卧榻、餐桌区连贯成一片大操场，直接以旋转支架取代电视墙，取得无屏障的宽广空间效果，从空间一端到另一端的横轴达到最长，可以让好动的孩子自由奔跑。此外，可旋转的电视墙能多角度运用，不仅从卧榻或餐桌都可观影，同时也定位了客厅位置，屋主可以选择放入一组沙发形成正式的客厅，也可以选择用错落的单椅打造出孩子可静可动的游戏空间。

旋转电视墙多重运用
可旋转的电视墙能多方运用，其背面结合八个数字相框，取代传统家庭相片墙。玄关鞋柜结合鱼缸，不仅赏心悦目，还让看向玄关的视线可以穿透，增添生活情趣。

室内造景美化女儿墙
屋主希望能将窗景引入空间，但当初没有外推阳台的女儿墙过高，一进门无法看到窗外景色。因此使用室内造景的方式，将女儿墙化为水瀑，使无法直接看到的风景，可以透过水景倒映蓝天来呈现。

<table>
<tr><td>重点
2</td><td>旋转90°
书房与餐厅角色互换</td><td>特殊功能</td></tr>
</table>

以金属骨架包实木皮打造长长的卧榻，并将卧榻结构顺着弧形墙面延伸成为书架，运用卧榻软垫的切割线暗示轴线转折，将空间无缝地连接在一起。除此之外，设计师将父母的工作桌与孩子的书桌并排成一张大长桌，一旦客人来访有聚餐需求，桌子下方的千斤顶油压支柱，可以将局部桌面升起并旋转90°，加上吊灯同步旋转后，便能进一步将轴线指引到厨房，让书房与厨房取得联系，化身为较正式的用餐区。

书桌旋转 90° 连接厨房

平时屋主一家多在餐厅吧台区用餐，但当需要正式的用餐区时，可利用书桌与灯具旋转，将书房化身为餐厅。

运用餐柜门作为厨房活隔断

当客人来访时，可利用万向轨道滑门将厨房变成独立的热炒区，而平时厨房维持开放时，滑门可收纳为餐柜门，设计师特别将餐柜设计为一深一浅，让门板收纳能够切齐立面。

- -

<table>
<tr><td>重点
4</td><td>打造孩子们
戏水的大澡堂</td><td>动线</td><td>采光</td><td>通风</td></tr>
</table>

将重复的厨房改成孩子们共享的大澡堂。大澡堂内有共享的淋浴区与巨大浴缸，并利用悬臂梳妆镜以避免阻碍空气流动与视线穿透。澡堂内，喷砂玻璃门后则隐藏三个空间，其中两间有独立的马桶与小便斗，另一间则可通往洗衣房。洗衣房同时也是木工室，这个空间可让孩子敲敲打打玩木头，弄脏了衣服也不必穿过其他空间，可以直接到隔壁的浴室梳洗；顺便把脏衣服丢进洗衣机，有助于从小养成自己动手的好习惯。

铺面一体延续

从客厅进入大澡堂，铺面由水泥地板变成了有防滑效果的洗石子，并且立体延伸成为巨大的浴缸，然后又延伸到户外阳台，从客厅、澡堂到阳台的铺面材质具有延续感，空间感不会被打断。

重点	10片滑门		
3	自由分割	互动	收纳

设计师用 10 个门板加上万向轨道，使儿童房可以自由隔成三室、两室或一大房，而房间最外面的门板使用具有磁性的黑板漆，让孩子可以在一面大墙上随意涂鸦或贴上奖状等。此外，三个孩子共享一个巨大的衣柜，设计师赋予衣柜多重收纳功能，有抽屉、书柜，在内部还留了插座。当房间开放时，大衣柜有如一面攀岩墙，孩子可利用抽屉、格子爬上爬下；当需要分割成三个空间时，门板恰好可以对准柜子垂直分割，每一个孩子都能拥有属于自己的收纳柜。

用滑门让房间概念消失

10 片白色滑门结合万向轨道，平时可收起来，让三个房间消失，与客厅融为一体，让孩子除了睡觉以外尽可能在房间外活动。

门板变身巨大涂鸦本

房间最外面的黑色门板使用具有磁性的黑板漆，当门板合拢时就变成一面大黑板。

可牵入脚踏车的双旋转门

澡堂用两个旋转门板分隔，加上阳台外也做了防水层，因此孩子可以直接将脚踏车牵过澡堂，到后阳台洗车、种植栽、玩园艺等。

悬臂设计阻挡空气与视线穿透

将浴室设在阳光充足的南向，梳妆镜使用悬臂设计，可阻挡空气流动与视线穿透，背后就是淋浴区。

■ 文字 / 李佳芳　空间设计与图片提供 / 无有设计 刘冠宏　TEL:02-2756-6156

无墙超展开
构建无拘无束的
退休后生活

长者乐活屋
案例 **7**

面积	132平方米
屋况	二手房
居住成员	退休夫妻
建筑形式	大楼
格局	三室两厅一厨三卫 → 两室两卫+开放餐厨+客厅+开放娱乐室

👁 改造重点

改造前	房间数太多，挤压了公共空间。	独立厨房，开放感不足。	主浴狭小，不适合老人使用。

改造后 | 取消一室，使主
浴功能完善。 | 客房与厨房换位，卫浴
做双向使用。 | 预备第三室零隔断，
塑造宽敞客厅。

这是屋主买来送给父母的房子，希望能以两位居住者的实际生活情况量身定做。这个房子虽然不是新房，但购入时的屋况仍然维持新房的状态，户型是以一般家庭使用为出发点，配有三室与三间浴厕，房间数量对于两人使用而言过多，也使通风采光扣分。设计诉求主要是希望尺寸尽量开阔，空间的互动能更直接。两位老人 60 多岁，身体十分硬朗，但未来应该不会再换房，因此空间使用的时效性要拉得更长，甚至必须将未来使用辅具的可能性纳入考虑范畴，在尺寸上必须多加思考，符合老人使用。

✓ 屋主需求清单

↘ 整体户型让使用者可直接互动。
↘ 预留一间套房式的客房。
↘ 厨房与卫生间的尺寸要便于老人使用。

第一次格局思考

设计师思考

1. 大幅度调整户型，将次卧和小卫生间的空间让出来，使主浴可以加大，增加阳台进光面。
2. 将厨房变成客房，依然享有后阳台的采光与通风。
3. 厨房外移，顺势将厨房加大，让餐厅、厨房、客厅连成一体。出入阳台则改从原来窗户位置进出。
4. 第三室使用弹性隔断，借助架高平台连贯客厅，并且让空间向户外阳台延伸。

屋主回应

A. 第三室的必要性有待商榷。
B. 客卫与客用套房使用率较低，是否要投入这么多预算？
C. 做了很多改变后，整体开放度还不够。

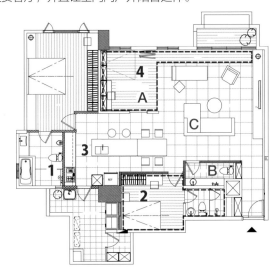

改造前

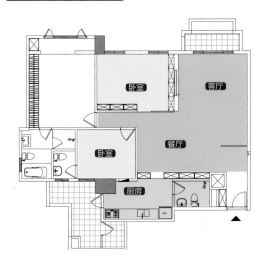

问题 1 ▶房间数不需要这么多，位于内侧的房间采光也不足。

改造重点

问题 2 ▶厨房受限于房间格局很难开放，客卫由厨房进出，感觉不卫生，动线也不顺畅。

问题 3 ▶公共空间不够开阔，加上天花板、书柜等大量木料的使用，感觉十分压抑。

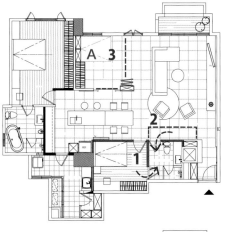

设计师思考

第二次格局思考

1. 将客卫与客房浴室合并，采用双向动线设计，可供客厅与客房使用。

2. 合并客卫后，原本墙面凸出情形得到解决，改为一间卫生间后可让卫生间变得较大，公共空间减少棱角，视觉上穿透性会更强。

3. 讨论第三室的必要性，思考更加开放的调整方案，决定不做地板高低上的调整，而是将铺面材料延伸，增加开阔度。将隔断墙调整成折门与拉门，平时保持开放状态，必要时可以独立使用。

屋主回应

A. 第三室希望以家庭娱乐室的功能为主，但仍要具备客房功能。

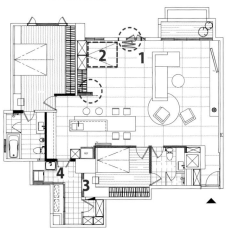

设计师思考

改造后

1. 预计要隔起来的第三室，只保留上下预埋轨道的框架，改用对角（折门与滑门）隔断，取消中央固定门板的柱子。

2. 衣柜隐藏电动掀床，保留未来调整为房间的可能性。

3. 阳台工作平台移位，避免干扰客房，同时将客房加大。

4. 调整工作阳台配置，将水槽与工作平台、洗衣机集中。

运用手法 1.2.3

改造后

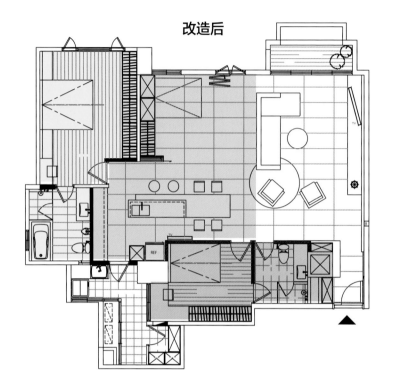

完成
重点

重点 1 ▶ 只保留主卧，加大主浴空间，使各功能完整。

重点 2 ▶ 取消原来户型的两个房间，改为开放餐厨，第三室作为娱乐用途，仅预留隔断框架。

重点 3 ▶ 将客房移到厨房位置（阳台进出口也移位），客房卫浴合并客卫做双向使用。

这个房子的居住者只有两位老人，日常使用的房间主要是主卧，原户型设定有三个房间、三间卫浴，闲置空间太多，挤压公共空间，使尺寸难以施展开来。经初步沟通，决定以两室为基本设定，一室作为主卧，另一室预备给子女、亲友拜访时使用，若将来需请看护照料，也能多出暂住的房间。

屋主希望公共使用区不再有任何墙面，营造出亲密且直接互动的开放场所。原厨房受到房间与客卫的限制，即使拆除隔断墙，仍旧感觉闭塞。因此，设计师刘建翎将两间次卧释放出来，改变阳台进出动线，将厨房与客房的位置进行对调，中岛结合餐桌所形成的带状空间顺着动线方向，使厨房、餐厅、客厅连接在一起。

若将使用时效向后推移，生活空间必须将辅具列入考虑范畴，不只过道宽度皆大于 90 厘米、主浴加大，主卧内也预留辅具回旋空间。除此之外，业主与设计师针对客用的第三室进行细致讨论。屋主希望短期内第三室可作为娱乐室使用，未来则可作为客房或第二个卧室，顺应老人将来生活作息改变，而必须分房睡的可能（另一方面也考虑在卧室照料的方便性）。经过多次推敲磨合，将来可能需要独立的第三室，现状仅以天花板框架、滑门来做屏档，框架内并预埋折门轨道，待将来需要第三个房间时，只要加装门板即可。

<table>
<tr><td>重点
1</td><td>室内材料延伸
空间视线向外溢出</td><td>轻松氛围　采光</td></tr>
</table>

房子楼高只有 2.9 米，之前由于木质天花板的关系，压低了高度。客厅的设计着重在"删除"的动作，除了必要的管道包梁外，客厅上方保留裸面，尽可能吊高尺寸。由于客厅与阳台的关系，在不影响外观的情况下，拆除窗框两侧翼墙，使开窗加大 1 米，改善通风与采光。除此之外，将室内材料延伸到室外，使整个空间更为开阔。

阳台打开加大开窗

电视墙使用涂装木皮板，墙面材料从玄关一直延伸，增加开阔度。移除天花板后，客厅达到最大净高，并将阳台翼墙打开，使用落地窗，改善采光与空间感。

室内材料延伸至室外

外墙丁挂砖使用水泥涂料抹平，呼应电视墙与磨石子平台，并将 120 厘米 ×120 厘米石英砖铺到阳台。

重点 2 　框架＋对角门板　预留将来第三室　　采光　特殊功能

原来使用电视墙作隔断的第三个房间，改以强化玻璃、木料打造悬浮框架，框架内预埋轨道，可使用滑门与折门做对角隔断。房间内所需要的衣柜功能，利用暗门手法隐藏起来，并隐藏一张电动掀床，平时开放时感觉不像是一个房间，将来若必须变成独立房间，只要加装折门即可，其余功能都已完备。

木墙隐藏衣柜与掀床
衣柜使用暗门隐藏起来，并结合一座电动掀床，保留未来调整为房间的可能性。

用悬吊框架做灵活隔断
第三室预留轨道框架，将来可用对角滑门、折门隔断，框架结合强化玻璃拉齐天花板落差，也有轻量化作用，开放时不会中断空间感。

重点 4 　走道与门宽放大　长者进出无障碍　　动线　采光

主卧最大问题在于卫生间，考虑到便于老人活动，所需的尺寸远比一般家庭开阔。不仅过道与门宽的尺寸都加大，还要预留可让辅具通过、回转的空间，甚至能直接推入看护病床。由于取消一个套房，让主卧浴室可以加大，纳入后阳台开窗，改善了采光效果。

纳入开窗改善采光
原本卫生间只有右边高窗，可通风，但采光效果不佳，空间加大后纳入了一扇窗，将小窗改为落地窗，加强采光效果。

重点 3 厨房与客房换位 打开空间尺寸

`收纳` `通风` `动线`

原来厨房受制于房间与客卫，难以开放。设计师打开采光不良的房间，将窗户女儿墙下切，使后阳台进出改向，将厨房与客房位置对调，客房同样享有后阳台采光，而厨房外移与餐厅合并，使房间以外的使用空间都是全开放的。

双扇门板，两房共享

将使用较少的客房浴室与客卫合并，使卫生间得以扩展，并设计两扇门板可供客厅与客房使用。

门板设计孔隙，加强通风

受限于管道而无法移动太远的客卫、客房浴室，缺乏自然通风，于是在门板加入错开设计（直线条处）作为通风孔。白色鞋柜下方也有通气圆孔。

主浴功能分离独立

针对老人的需求，希望浴室使用功能都可以独立，除了干湿分离淋浴区、浴缸，甚至马桶、小便斗都分开。

以空心砖砌墙作为隔断

原来的厨房调整为客房，以 10 厘米厚的空心砖重新砌墙作为隔断，立面减少修饰，呈现材质原始样貌，与天花板环保夹板裸面直接呼应。

■ 文字 / 李佳芳　空间设计与图片提供 / 六相设计研究室 刘建翎　TEL:02-2796-3201

环状动线
打造亲密无间的
家庭空间

长者乐活屋
案例 **8**

面积	165平方米
屋况	老房
居住成员	固定3人+旅居国外的亲友
建筑形式	大楼
格局	四室两厅+ → 三室+独立书房兼客房+ +两卫+储藏室 三卫+三厅+开放厨房+ 洗衣房+玄关

👁 改造重点

改造前	没有玄关，公共空间未经妥善规划。	阳台呈窄长形，难以使用。	走廊过长，客房太小。	浴室集中一侧，缺乏客用卫生间。

218

独立洗衣房化
解阳台困境。

柜屏隔出玄关，环状
动线串联客餐厨。

取消一室，加大
餐厅与客房。

设计师格局思考笔记

这是个历经 30 年无人居住的老宅，由于屋主打算翻修旧居，再加上屋主家人亲友长年居住在国外，回国时大多住在酒店，缺乏与家人长时间相处的亲密空间，因此起了整修此闲置老屋的念头。原始平面呈∏字形，由长长的过道衔接左右两部分，由于中间区域的深度不足，使得客房与书房过于狭小。除了缺少玄关外，浴室设计也有很大问题，两间浴室都集中在一侧，所有人都要走过窄长的走廊才能使用，极为不便；平面周边有很长的阳台，但宽度仅有 65 厘米，仅容单人行走，回身交错都很不便，难以使用。此外，屋主与两位老人同住，格外要求无障碍的生活动线设计。

 屋主需求清单

➥ 假日可容纳 10 ~ 20 人的活动。
➥ 老人需要独立书房与无障碍生活空间。
➥ 家人亲友回国可住，能容纳 2 ~ 3 个家庭。

第一次格局思考

 设计师思考

1. 利用柜体分隔出玄关与餐厅，形成左右动线，兼具走廊功能。
2. 将狭窄的阳台纳入，使走廊上的两个房间变大。书房墙面退缩设计展示台，下半部分做透空处理，减少实体走廊长度，在视觉上减压。
3. 厨房移到原来餐厅位置，改为开放式设计，并将不好用的阳台内退，变成一间洗衣房。测量时发现储藏室有管道间，在此新增一间客卫，并利用洗衣阳台通风。
4. 前阳台用衣柜一分为二，调整客厅深度与宽度，并增加一间双人客房。
5. 门的位置外移，增加第二间套房，使房子至少可容纳两个家庭共同使用。

 屋主回应

A. 公共空间的座位数增加，希望有打麻将的地方。
B. 房间可以减少，但爷爷的书房一定要保留。
C. 阳台不能外推。

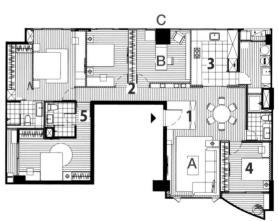

改造前

改造重点

问题 1 ▶ 没有玄关空间，开门即见客厅，且客厅空间尺度过大。

问题 2 ▶ 阳台宽仅 65 厘米，不方便使用，因此造成浪费。

问题 3 ▶ 衔接平面左右的走廊太长，位于走廊上的两个房间过于狭小。

问题 4 ▶ 卫浴集中在平面左半部分，客人必须进到内部才能使用，影响生活私密性。

改造后

设计师思考

1. 保留洗衣房设计，由于阳台退回，为了让书房空间舒适，取消卫生间的淋浴功能。

2. 厨房改为双一字形，并结合餐厅，将玄关后方设定为便餐区，也可以作为麻将桌，两张桌面都与厨房关系密切。

3. 走廊上的两室合并为一间较大的客房，取消第二间套房设计，将浴室释放出来供两个次卧使用，仍具有套房功能。

4. 书房增加衣柜和一张沙发床，必要时仍然可作客房使用。

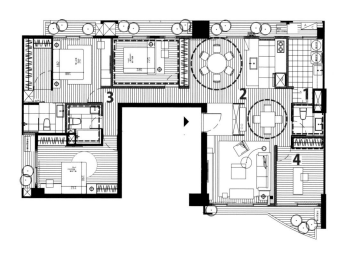

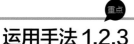

运用手法 1.2.3

改造后

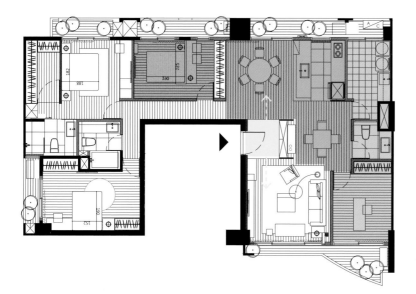

重点 1 ▶ 双动线玄关打造可回旋的无障碍空间。

重点 2 ▶ 阳台内退延展成独立洗衣房，增加客卫、书房设计。

重点 3 ▶ 中岛型开放厨房可同时照应餐厅与便餐区。

重点 4 ▶ 取消一室，加大客房与餐厅。

由于屋主家人亲友常年居住在不同国家，生活习惯差异大，为了综合大家的意见，从初步设计到定案花费近一年的时间，特别是从阳台设计成外推的户型到不允许外推重新制订变更方案，使得两次设计方案出现 180° 的大逆转。

这个房子兼具住所与酒店功能，设计时所遇到最头痛的问题便是这个空间是给不特定的成员使用。平常的居住人口虽然只有三人（屋主、爷爷、奶奶），但每逢长假会有亲友回国暂居，周末则有朋友来聚，使用人口数量差距极大，屋主希望公共空间要以能容纳 20 人为设计出发点。因此，设计师黄铃芳借助柜屏切出玄关与便餐区，将独立厨房外移结合餐厅，通过环状动线将每个功能独立的公共空间紧密地融合在一起，同时让前后采光与通风得以自由穿梭。狭窄且长的阳台对应各空间进行分割，使每个房间享有自然条件之余，也能保有私密性；将原来厨房外的阳台向室内退缩，打造出一间宽敞的洗衣房，满足做家务与储藏两种需求。

将原来四室调整为三室加一间书客房，取消走廊上的一个房间，换取较大的客房与用餐空间，同时缩短走廊距离。为了便于家中老人活动，从玄关到房间、浴室均设置了低照度的光源，夜间可以照明导引动线。

重点 1 光与风自由流动

空间利用　动线
采光　通风

改变一般独立玄关的做法，将鞋柜化为玄关的屏风，加上大理石拼花地面，塑造出玄关意象，反向则界定出便餐区。此种玄关的做法，最大优点是可以避免独立空间隔断采光与通风，同时赋予玄关第二重身份，具有沟通客厅与餐厅的过道作用，兼具空间利用率高以及动线、通风、采光良好等优点。

柜屏切出双动线玄关
玄关用柜屏与铺面材质界定，从客厅到餐厅不用经过便餐区，地面选用适合落尘区、易清理的材质。

造型天花板围塑客厅
客厅与玄关、便餐区没有实体的墙面分隔，借助圆形天花板围塑，来暗示区域性。

柜体加深兼具艺术品展示功能
柜屏刻意做深，正面玄关设计为鞋柜，背面便餐区则设计成一面内凹墙，以造型活动柜取代系统餐柜，加上壁纸、收藏品等美化角落端景，避免全面高柜产生压迫感。

| 重点 2 | 半开放中岛厨房 可同时照应双餐区 | 动线 | 互动 |

原始厨房与餐厅各自独立，使用上缺乏互动。由于屋主可接受开放式厨房，设计师将原来独立厨房外移，加上走廊区取消一室，放大了餐厨区可用空间，而厨房以中岛吧台做半开放分隔，前面与侧面分别接邻圆形餐桌与方桌（兼麻将桌），可同时照顾到两者需求。圆形餐桌具有可伸缩设计，可从 6 人座扩充为 12 人座，加上便餐区可坐 4 人，最多可容纳 16 人同时用餐。

可促进交流的中岛工作台

将洗手台设在中岛上，面向餐厅准备料理，同时也可与用餐者互动；中岛增加一座小吧台，以防水滴溅出。

厨房在中间，可双侧使用

厨房的位置使其具有双侧使用功能，无论是便餐区还是正式的用餐区都能方便上菜。

| 重点 4 | 运用地排 移除门槛障碍 | 动线 | 收纳 | 采光 |

老人使用的主卧缺少更衣室，并且有一根巨大的梁柱通过，压低了楼高，让整个空间变得十分有压迫感。设计师将梁下的内凹空间化为独立更衣室，隐藏大梁，同时满足收纳需求。除此之外，考虑老人行动不方便，以及未来可能使用辅具的需求，将过道特别加宽，并取消主卧浴室门槛，使动线无任何障碍。

重点	取消一室
3	缩减走廊长度 `动线` `采光` `空间利用`

四间卧室集中在平面的左半部，为了沟通四个房间，因此形成又长又阴暗的走廊，空间十分有压迫感。设计师取消走廊上的其中一个房间，将书房移到客厅后方，减少走廊长度，并且让过分狭小的客房获得伸展。客房内，将双人床背板结合书桌，形成一个半独立的更衣室、阅读区。此外，原来的阳台没有隔断，次卧可以从室外连通到主卧，起居生活互相干扰，此方面也对应房间进行改善。

夜间安心导引的感应光廊
取消一室缩短走廊长度，形成较大的餐区。走廊上设计地灯与感应式夜灯，夜晚老人到厨房喝水不必摸黑。

床头板结合书桌设计
床头板可视为一座半高墙，将床架结合书桌，打造出精简的更衣室、书房。

隐藏压梁，增加更衣间
梁下畸零空间被纳入更衣间，将梁下增加局部天花板，用来设计间接照明。

取消门槛，打造无障碍空间
卫生间位于平面中央，缺乏对外采光，将隔断墙换成干湿分离的强化玻璃，并将门宽加大、取消卫生间门槛，用长形地排取而代之，防止泄水外漏。

■ 文字 / 李佳芳　空间设计与图片提供 / 馥阁设计 黄铃芳　TEL:02-2325-5019

施工工法及建材参考

隔断工法及建材

户型优化离不开做隔断，隔断的工法与材料相当多元，仅实墙就有不少工法可选择，如轻隔断、木制、陶粒砖、白砖等，每种材料有不同的优缺点，必须依照空间特性搭配使用，才能营造出舒适安全的居住空间。除了功能性的墙外，多功能隔断与装饰隔断往往是设计师们施展空间魔法的秘诀，例如使用玻璃做成的墙，让界定与采光看似相违背的矛盾条件，可以同时成立；而门的应用甚至延伸成可移动的墙，使单一空间可以分割，增加使用弹性，若使用成品柜取代实墙，还可增加墙面的收纳功能！

实墙　塑造独立隐私空间

咨询达人 / 同心绿能室内设计 徐葳涵 0926-345-957

隔断墙的材料与工法有许多种，客观来说，可分为干式与湿式两种。干式隔断包含所有的轻隔断、木制、陶粒砖、白砖等，湿式隔断通常指砌砖抹墙或钢筋混凝土（通常用在外墙），而湿式轻隔断则介于两者之间。

轻隔断原指用槽钢（C形钢）做骨架，使用石膏或硅酸钙板封板而打造的墙，通常内填玻璃纤维或密度较高的岩棉达到隔声效果，具有价廉、质轻、施工快速的优点，如果施工方法正确，甚至可用在浴室隔断。轻隔断通常用在如商场等的大型工程中，一般小型住宅较少使用。近年来有不少木工师傅学习轻隔断工法，以小型槽钢或角料为骨架，加上硅酸钙板或石膏板封板、填充岩绵或玻璃纤维，做成轻隔断或木制轻隔断。

在有隔声、防水需求的空间，建议使用隔声性较好的砖墙、白砖、陶粒砖，也有不少用木制或直接用柜体来隔断的方法。

红砖

由质密而结实的黏土烧制而成，建材单价低，通常约20厘米×24厘米大小，高约6厘米。施工前有大量的红砖与水泥搬运工作，砌砖时为避免倒塌，必须分次施工，加上需等待干燥，砌完后还需抹墙、批土，才能上漆，因此工期较长。

■ 图片提供 / 尤哒唯建筑师事务所

 优　建材单价低；
隔热、耐磨、防火、隔声性佳；
可用在浴室。

 缺　人工与搬运费用高；
质地重使楼板负担大；
工序烦琐且工期长；
施工易污染现场。

干式轻隔断

以槽钢或C形钢，加上硅酸钙板或石膏板组成，可添加隔声棉提高阻绝声音的效果。多用于大型建筑中，家庭住宅设计较少使用。

■ 图片提供 / 李佳芳

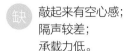

优
施工快速；
价格低廉；
减轻楼板荷载；
变形率比木制小；
内部方便装设管道。

缺
敲起来有空心感；
隔声较差；
承载力低。

干式轻隔断
（木制或小型槽钢）

一般木制隔断多用此法，使用木骨架封石膏板，再填充岩棉或玻璃纤维。适用于小型居住空间。变化性最强，可依照需求贴皮、造型，用来设计凹凸墙或结合柜体。

■ 图片提供 / 尤哒唯建筑师事务所

优
价格低廉；
施工简单（只需木工即可完成）；
内部方便装设管道。

缺
敲起来有空心感；
隔声防震效果差；
极度不耐燃；
木头受潮易变形；
承载力低。

 轻隔断的封板要格外注意！
市面上的板材很多，甘蔗板、密底板、实木板、夹板、木芯板、波丽板、胶合板等，通常只适用于壁材、饰板或家具柜体，因耐燃性与防水性不足，不可直接当作轻隔断墙或木制的封板，一定要以石膏板或硅酸钙板封板后，再选择喜爱的板材作为修饰。

湿式轻隔断

又名轻质灌浆墙隔断，湿式轻隔断不塞岩棉等填充材料，而是灌入轻质水泥砂浆，提高隔声、防火或防震效果。

■ 图片提供 / 李佳芳

优
隔声效果较轻隔断好；
隔声、防水性较佳；
扎实度较接近砖墙。

缺
较一般轻隔断重；
浇灌施工易受制于现场条件；
耐重性较砖墙差；
用在小型空间成本高；
日后拆除较麻烦。

陶粒砖
（轻质陶粒预铸水泥板）

轻质黏土陶粒预制成型，为环保建材，质地类似空心砖，每块宽60～70厘米、高约240厘米，质轻，可依照设计现场裁切。生产时设计公母砌口，用专用黏着剂胶合，不需等待干燥，不需抹墙，刮泥子后即可上漆，施工快速。

■ 图片提供 / 同心绿能室内设计

 施工快速；
无空心感；
隔声、隔热、防火、防水；
表面硬度高，可耐重、可穿管；
垂直及平整度佳。

 价格较高。

白砖

使用细沙预制成型，含水量少，质地较陶粒砖轻，每块约30厘米×60厘米，厚度从6～30厘米不等。砌法类似红砖，但使用胶泥黏着，隔声、隔热、防火性都较红砖好。完成后不需抹墙，刮泥子后即可上漆，施工快速。

■ 图片提供 / 同心绿能室内设计

 施工快速；
隔声、隔热、防火、防水性佳；
无空心感；
耐重（但建议使用专用壁虎）；
可用在浴室。

 因没有抹墙包覆，砖收缩干裂易显现水平细纹（非结构性的龟裂），可以再次刮泥子。

玻璃

玻璃为不可燃建材，有轻盈的质感，如选择清玻璃，还可具有视觉穿透、放大空间的效果。用作隔断最好使用厚10毫米以上的强化玻璃，如要提升安全性则可选择胶合玻璃。

■ 图片提供 / 直学设计

 厚度薄；
透视效果可放大空间；
具采光效果；
易维护，不需粉刷油漆；
不需担心潮湿、防虫问题，防火。

 费用高昂；
缺乏私密性；
易撞倒破碎；
大面积搬运不方便。

门 空间灵活界定的手段

使用门或玻璃等材质替代隔断墙的方法，又称为装饰隔断或多功能隔断。使用门做隔断，以推门、滑门、折叠门最常见。推门的隔声较好，但需要预留门回旋的空间。滑门具有省空间的优点，出入口不需要预留门回旋的空间，在无隔声的空间可以使用。折叠门则具有灵活性，可收叠起来，开启面积也大，通常用在平常要求打开、偶尔需要密闭的空间。除此之外，还可搭配特殊五金，增加可动性与开合角度，应用更灵活。

滑门

■ 图片提供／无有设计

木料	大多使用木料贴皮，韧性较好。
玻璃	依照选择玻璃特性不同（可见玻璃单元），可分为有框、无框两种，无框价格较高。

折叠门

■ 图片提供／SW Design 思为设计

木料	视线不穿透，隐私性较好，可有多种造型变化，但收起来的厚度会较大。
玻璃	具有穿透性或透光性，即使关起来也能保持空间通透感，适用范围有限。收起来较薄，选择金属框或无框，费用增加 20%～30%。

万向门（墙）

■ 图片提供／无有设计

万向门（墙）需要配合万向轨道、万向轮使用，其特点是可将门做大幅度的转向与移动，能将多个处于固定区域的门收纳于单一收纳区或分区收纳，可使单一空间变化为多元空间。施工需要高等级木工技术，配合精密计算与专门五金使用，门板使用玻璃或木料均可，但不宜采用实木，因为容易反翘变形。

推门

■ 图片提供／六相设计研究室

推门最为常见，玻璃、木料都可用于推门，隔声效果较滑门好。推门依照开启程度可分为 90°与 180°两种，若使用 180°的铰链费用高出 30%～50%。

 注 滑门、折叠门的安装方式，还可分吊轨与地轨两种，地轨地上会有轨道，吊轨则地面无轨道，吊轨要考虑承重，五金成本较高。

玻璃 透光、透视、反射，效果各不同　　咨询达人 / 一心玻璃行 02-2764-0904

玻璃建材属于定制品，没有标准规格尺寸，估价必须依照设计图想要呈现的感觉与风格，去选择适合的加工方式，例如烤漆、白磨、镜面、色彩、压花、喷砂、胶合等，各种表面处理方式可有不同的透视或透光效果。另外，玻璃的厚度要视现场施工面积与安全性确定，面积越大的门窗或墙所需厚度越厚，若厚度不足则需要分片处理，若考虑安全问题可再进行强化处理。

 强化玻璃是指经过热处理的玻璃，破碎时较安全，除了镜子外，大部分的玻璃任何厚度都可进行强化处理。

黑玻璃		玻璃上染黑色剂形成黑色透明玻璃，整片玻璃黑色透明。可强化。		适用：门、窗、隔断墙。
■ 图片提供 / 成舍设计				
色板玻璃		玻璃制造时调拌色料，呈现出绿色、蓝色、茶色、灰色等，具有透光性与透视性。可强化。		适用：门、窗、隔断墙。
■ 图片提供 / 珥本空间设计				
清玻璃		完全透明的玻璃简称清玻璃，可依照现场条件选择不同厚度或强化处理。		适用：门、窗、隔断墙。
■ 图片提供 / 珥本空间设计				
压花玻璃		制造时用滚筒雕刻花纹，具有透光不透视的效果，亦可创造各种不同的模糊光影。有些可强化，有些不可。		适用：不可强化多用于门窗，可强化则可用于隔断墙。
■ 图片提供 / 无有设计				
雾面玻璃（亚克力贴纸）		在玻璃上贴上半透明的亚克力贴纸，可在玻璃墙或大面窗上做局部不透明设计或各种图样变化，缺点是用久容易起泡。		适用：门、窗、隔断墙。
■ 图片提供 / 明代室内设计				
雾面玻璃（喷砂玻璃）		又称毛玻璃。一面和普通玻璃一样平滑，另一面却像砂纸一样粗糙。若沾水后水填进了粗糙部分，形成平滑水膜，透明度就会增加。		适用：门、窗、隔断墙（不适用于湿室隔间）。
■ 图片提供 / 馥阁设计				

黑镜		黑玻璃背面加上水银，镜射效果较黑玻璃佳，但又不像明镜般清楚。不可强化处理。		适用：壁材（玻璃底可隔开壁色）。
■ 图片提供/演拓空间室内设计				
烤漆玻璃		透明玻璃背面经烤漆上色或做图样变化。玻璃底有色彩，镜射效果较差。可强化处理。		适用：壁材（玻璃底可隔开壁色，因有一面是油漆面，不适用于隔断墙）。
■ 图片提供/演拓空间室内设计				
白膜玻璃		胶合玻璃的一种，中间夹入白色的膜，可透光，但透光性差。		适用：门、窗、隔断墙。
■ 图片提供/德力设计				

柜　以柜代壁，收纳功能大增加

咨询达人 / 创空间 张诗佳 02-2709-0389

成品柜的主流板材有塑合板与发泡板两种，经常使用的是塑合板，特殊空间需要防水则可使用发泡板。通常成品柜的深度约为60厘米（依照各品牌略有增减，但差异不大），高度可分为80厘米、160厘米、240厘米；由于铰链孔径的标准尺寸为3.2厘米，因此成品柜的宽度通常也是3.2厘米的倍数。设计成品柜时，建议宽度不要超过120厘米，以免门板跨距太大，用久了五金支撑疲软，容易产生变形。

成品柜用在室内设计上，有不少直接以柜代替墙面的做法，优点是可以节省墙壁施工的费用与节省墙面厚度，但成品柜的板料间有空隙，隔声性不佳。使用成品柜取代墙面，建议在柜背加隔声层，大约增加6厘米的厚度（吸音棉4厘米＋封板2厘米）。另外，若成品柜中间增加板料，以螺钉固定或以散件组装，便能用作双面柜。

塑合板

■ 图片提供/馥阁设计

塑合板材是用松木绞碎加压定型，表面再贴上美耐皿制成，耐燃、低甲醛，可防潮，但不具耐水性，有多种颜色可供挑选。

南亚PU发泡板

■ 图片提供/馥阁设计

由塑料发泡制成，主要成分为PVC，甲醛溢散浓度低于0.002。通常用于浴室柜、厨具水槽柜，抗潮与安定性佳，具隔声、耐燃、耐水特性，但变化性不强。

基础工程明细表

在图纸上设计是美好的，但再美好的梦想还是要回归现实，前面章节提到了不少设计时可能遇到的空间限制，其实预算也是设计的一大限制，有多少预算，直接决定了设计的水平和空间。一般而言，破坏容易、重建难，打掉的墙越多，建造新墙或整理所花费的费用越多。如果遇到需要格局大改的状况，基础工程经常占了总预算的1/3，因此调整户型时，该打掉哪里、该留哪里都要算精确。若基础工程的费用已经无法再降低，则必须从建材反推施工办法，来思考降低成本的方法，如此一来才能把预算花在刀刃上！

（咨询专家／金时代开发国际有限公司 黄世文 02-2719-8068、0915-878-131）

项目名称	项目明细	价格（根据本地情况填写）
拆运	拆除墙面、垃圾清运	
窗	重新开窗、室内切墙	
	原窗更新	
地面工程	拆除＋清运＋施工	
天花板工程	铺装	
水电工程	水路更新 （打墙＋配管）	
	电路更新 A：原管道抽换	
	电路更新 B：打墙配新管 （含粉刷修补）	

浴室工程	**粉刷工程** （如按深 220 厘米 × 宽 150 厘米 × 楼高 230 厘米计算，含拆除、防水、粉刷、贴砖）
	地面瓷砖
	水电管移位
厨房	**如按240厘米长厨具及基本设备计算** （含地面瓷砖与天花板）
粉刷	**粉刷工程** （一遍底漆 + 两遍面漆）
	水泥漆粉刷工程 （新墙面与新天花板，打磨 + 一遍底漆 + 两遍面漆）
清洁	**空屋清洁**

备注：
1. 本表仅供参考，有其他零星工程可再添加。
2. 天花板、浴室、厨房、门窗等工程，依照使用的建材、五金、设备、铺面而价格所有差异，均按本地价格计算及汇总。